水利部重大公益项目：201201080

黄河凌灾防治新技术及凌灾应急抢险机制研究

孟闻远　郭颖奎　唐志强　著

中国水利水电出版社
www.waterpub.com.cn

·北京·

内 容 提 要

本书主要研究黄河的冰凌灾害特点，探索新的科学理论与方法，开发针对性防治冰凌灾害的专用器材和技术装备，研究一整套科学有效的现代冰凌灾害防治的技术方案，在国内外都具有重要的现实意义、学术意义与社会意义。本书主要研究成果可直接服务于防凌减灾、防洪调度、除险减灾决策、应急处置、安全管理及相关法规与标准的制定，在确保防凌安全的同时，更好地兼顾防洪、灌溉、发电、供水及生态环境综合效益，对我国社会经济的可持续发展具有十分重要的支撑作用，成果应用前景极其广阔。

本书可供冰凌灾害防治相关领域研究人员、管理决策者及感兴趣的读者参考阅读。

图书在版编目（CIP）数据

黄河凌灾防治新技术及凌灾应急抢险机制研究 / 孟闻远，郭颖奎，唐志强著. -- 北京：中国水利水电出版社，2021.6
ISBN 978-7-5170-9725-9

Ⅰ. ①黄… Ⅱ. ①孟… ②郭… ③唐… Ⅲ. ①黄河—防凌—研究 Ⅳ. ①TV875

中国版本图书馆CIP数据核字(2021)第131051号

书　　名	黄河凌灾防治新技术及凌灾应急抢险机制研究 HUANG HE LINGZAI FANGZHI XIN JISHU JI LINGZAI YINGJI QIANGXIAN JIZHI YANJIU
作　　者	孟闻远　郭颖奎　唐志强　著
出版发行	中国水利水电出版社 （北京市海淀区玉渊潭南路 1 号 D 座　100038） 网址：www.waterpub.com.cn E-mail：sales@waterpub.com.cn 电话：(010) 68367658（营销中心）
经　　售	北京科水图书销售中心（零售） 电话：(010) 88383994、63202643、68545874 全国各地新华书店和相关出版物销售网点
排　　版	中国水利水电出版社微机排版中心
印　　刷	清淞永业（天津）印刷有限公司
规　　格	184mm×260mm　16 开本　7.25 印张　176 千字
版　　次	2021 年 6 月第 1 版　2021 年 6 月第 1 次印刷
定　　价	**68.00 元**

前　言

随着我国社会经济的快速发展以及相关地域国民经济的稳步增长，冰凌灾害所造成的损失越来越大，因此防凌工作已成为我国冬春季防汛工作的头等大事。国家为进一步贯彻落实"以人为本""构建和谐社会"等执政理念，对涉及公共安全的防凌减灾提出了更高的要求。面对当前严峻的防凌减灾形势以及迫切需要解决的凌灾防治难题，如何解决好防凌减灾问题，是社会经济发展到现阶段的重大需求，是民众对自身安全日趋关心和对公共安全日益关注的必然要求，也是广大科技工作者面临的重大挑战和使命。

对此，过去若干年党中央、国务院领导高度重视，水利部主要领导针对防凌问题多次做出具体指示，明确提出防凌工作"由传统防御向现代防御转变，变被动防御为主动减灾"的新理念，全面提高我国防凌综合能力。当前"黄河流域生态保护及高质量发展"已成为国家区域发展的大战略，更是把黄河灾情防治提到首要的高度。治理黄河，重在保护，要在治理。要坚持山水林田湖草综合治理、系统治理、源头治理，统筹推进各项工作，加强协同配合，推动黄河流域的高质量发展。

本书响应军民融合战略，针对黄河特殊地理气候不时出现的凌灾，开展了一系列开拓创新性技术研究以及快速反应、高效运作的响应机制研究，以期实现"快、准、狠"的灾情防治效果，具体内容梗概如下：

针对凌灾关键致因——冰塞冰坝的排除技术研究。传统的应急处理多用飞机航弹及大炮轰炸等军用器材，而非凌灾防治专用器材。使用这些器材应对凌灾防治，能量利用率低、耗资大、危险性高、行动迟且需军队操作。不适宜专业的防凌救灾。本书中研究利用军队已有的"聚能随进"（俗称钻地弹）技术，制作专门的、民用性的、无金属外壳的爆破专门器材钻入冰下向上施力，用很少的药量达到很强的防治效能。能耗低、费用少、安全可靠，对民用设施无威胁，军民皆可操作，这是黄河凌灾防治技术的突破。

针对凌灾防治应急机制研究，主要有两个方面：一是应用现代物联网技术预测预警，在技术依托上创新；二是在指挥及组织机制上，尽力避免调用军队兵力及装备，采用机动灵活的民用指挥调度体系。在主管部门及地方政府协同指挥下，及时调度水利及民防人员，随时随地地快速到达危急地点，用研制的新器材，达到快、准、狠的防治效果。这样的体制机制，快速、高效、灵活、安全且成本低。

本书内容是落实军民融合战略、"黄河流域生态保护及高质量发展"战略，脚踏实地出真成果的有效实践。

作者

于华北水利水电大学

2021 年 3 月

目 录

前言

第1章 绪论 ………………………………………………………………………… 1

1.1 研究背景 ……………………………………………………………………… 1

1.2 研究现状 ……………………………………………………………………… 2

1.3 研究意义 ……………………………………………………………………… 4

第2章 研究内容及方法 ……………………………………………………………… 6

2.1 防凌减灾措施 ………………………………………………………………… 6

2.2 研究内容 ……………………………………………………………………… 10

2.3 小结 …………………………………………………………………………… 11

第3章 冰体的物理力学性质 ………………………………………………………… 12

3.1 冰体的结构 …………………………………………………………………… 12

3.2 冰体的力学性能 ……………………………………………………………… 13

3.3 冰体的本构模型 ……………………………………………………………… 14

3.4 小结 …………………………………………………………………………… 18

第4章 冰体力学本构模型的构建 …………………………………………………… 19

4.1 冰力学性能试验研究 ………………………………………………………… 19

4.2 冰样三轴力学参数实验研究 ………………………………………………… 25

4.3 冰的力学本构模型 …………………………………………………………… 30

4.4 小结 …………………………………………………………………………… 35

第5章 有限元数值模拟 ……………………………………………………………… 36

5.1 浮冰、冰盖结构动力特性及动力响应分析 ………………………………… 36

5.2 爆炸冲击波作用下冰盖结构的动力响应分析 ……………………………… 39

5.3 流冰碰撞下桥墩破坏有限元仿真分析研究 ………………………………… 41

5.4 不同工况下冰盖爆破的数值模拟 …………………………………………… 47

5.5 冰凌水下爆破的阵列优化 …………………………………………………… 54

5.6 不同撞击工况下弧形闸门的响应比较 ……………………………………… 57

5.7 小结 …………………………………………………………………………… 76

第6章 专用破冰器材研发 …………………………………………………………… 77

6.1 研究技术方案 ………………………………………………………………… 77

6.2　火箭聚能破冰器研发 ……………………………………………………… 79

6.3　聚能随进破冰机研发 ……………………………………………………… 80

6.4　小结 …………………………………………………………………………… 83

第7章　破冰器材现场实验研究 ………………………………………… 84

7.1　聚能随进技术河冰爆破可行性试验研究 ……………………………… 84

7.2　破冰器材原理样机内场摸底试验 ……………………………………… 88

7.3　破冰器材原理样机野外摸底试验 ……………………………………… 90

7.4　样机摸底试验 ………………………………………………………………… 93

7.5　聚能随进破冰器、火箭聚能破冰器的现场演示试验 ……………… 96

7.6　小结 …………………………………………………………………………… 102

第8章　聚能随进破冰技术凌灾防御工作规程 ………………………… 103

8.1　组织指挥 ……………………………………………………………………… 103

8.2　前线主要参战人员 ………………………………………………………… 103

8.3　聚能随进破冰器材生产、运输、保管及培训 ……………………… 103

8.4　两种破冰器材使用说明及操作规程 …………………………………… 104

8.5　黄河防凌专用运移设备的研发 ………………………………………… 106

8.6　小结 …………………………………………………………………………… 107

参考文献 ………………………………………………………………………… 108

第1章 绪 论

1.1 研究背景

黄河为我国的第二长河，东西跨越 23 个经度，南北跨越 10 个纬度，从青藏高原巴颜喀拉山始，中间贯穿河套平原、黄土高原、黄淮平原等多种地貌，地形相差悬殊。黄河支流主要集中于西北地区（中上游），不同时期的径流量受季风影响很大，总体是夏季多、冬季少。在冬春季节，黄河流域受西伯利亚—蒙古高气压冷空气的影响，偏北风较多，径流量很低，气候干燥寒冷。气温分布情况为西部低于东部，北部低于南部，年最低气温情况为上游−53～−25℃、中游−40～−20℃、下游−23～−15℃。因此，黄河干支流在冬季及春季之初将可能出现不同程度的冰凌灾害，这些冰情对水运、供水、发电及水工建筑物等都有直接的影响。

冰凌灾害主要发生在黄河上游宁蒙河段和黄河下游段，这两段河道的共同特点是：河道比降小，流速慢，从低纬度流向高纬度（宁蒙河段经度相差 5°，下游段经度相差约 3°），此段的气温特点是上暖下寒，结冰上薄下厚，封河时自下而上，开河时自上而下。但在封河期，下游始封河，上游冰水易在封河处壅水抬高，并最终形成漫滩决口。在开河时，上游先开河，而下游仍处于封冻状态，因此解冻的大量冰块沿程汇集涌向下游，到达一定程度后即形成冰凌洪峰，严重时也可造成堤防决口。比如在内蒙古三湖口段，黄河干流封期比兰州段早 1 个多月，而开河期又晚 1 个月。虽然凌峰流量和历时较伏汛洪水小而短，然而过水断面大部分被冰凌堵塞，凌峰水位就有可能比伏汛同流量的水位要高，有些年份 1～2 天内可堆积起长达数公里长的冰坝，导致下游河段水位猛涨。因此，冰凌灾害是气温、流量及河道流向等因素综合作用的结果。

从古至今，在我国北方寒冷的地区，由于特定的地理位置和河道形态的影响，每年冬春时期冰凌常常严重堵塞河道，冰水漫溢堤岸，形成冰凌洪水，产生的灾害有时更甚于夏季黄河洪水，尤其是黄河、渤海湾、黄海近岸及黑龙江（黑河）等地，冰凌灾害严重。史料文献中第一次明确记载的黄河凌汛决口发生在西汉。《汉书·帝纪》中有"十二年（公元前 168 年）冬十二月，河决东郡（今河南濮阳市以东一带）"。此后，一直到清咸丰五年（公元 1855 年）的 2000 多年中，有明确记载的凌汛决溢仅有 10 多次，且主要发生在黄河下游的山东与河南境内。1855—1955 年的 100 年间，据《黄河防洪志》统计，发生凌汛决溢的年份有 29 年，决口近百处，平均每 3.5 年就发生一次凌汛决溢灾害，山东、河南以及内蒙古等地成为凌汛灾害的重灾区。

新中国成立前，因凌汛决堤而泛滥成灾的事几乎年年发生，每次决口都会给沿河人民的生命财产造成严重的损失。如在 1933 年，内蒙古磴口县凌汛决口，300 余里一片汪洋，冰积如山、水势汹涌，淹没了很多村庄。新中国成立以来，黄河两岸人民对凌汛危害采取了多种有力措施，主要有"防、蓄、分、排"四种。"防"就是组织强大的防凌汛队伍，防守大堤、抗御凌洪，一旦发现险情立即进行抢护，确保大堤安全。"蓄"就是把上游来水蓄起来，使上游在解冻前来水小，河槽蓄水少，则不至于造成水位上升，鼓开冰盖，产生灾害。"分"就是利用沿黄河的分洪工程和洪闸，分泄凌水，减轻大堤的压力。"排"就是在容易形成卡冰的狭窄河段，炸碎冰盖，打通冰道，使上游来冰顺利下排，在冰坝形成且威胁堤防安全时，及时用飞机、大炮和炸药等炸毁冰坝。但黄河凌灾仍时有发生，仅1986 年以来，黄河内蒙古河段已发生了 6 次凌汛决口，黄河下游河南、山东段等地都出现严重的冰凌灾害，尤其是 2008 年 3 月 20 日黄河内蒙古杭锦旗独贵塔拉镇奎素堤段决口，溃堤共造成杭锦旗独贵塔拉镇和杭锦淖尔乡 11 个村、1 个镇区被洪水冲淹，水淹面积达 106km²，受灾群众 3885 户 10241 人，直接损失 6.9 亿元之多，损失惨重[1]。

　　随着极端气候的频发，防凌形势也变得越来越严峻。2009 年冬季，黄河流域大部分地区遭遇寒潮，气温骤降，导致黄河冰封提前，冰厚较往年增加。据黄河防汛抗旱总指挥部发布的防凌信息，截至 2010 年 1 月 10 日 8 时，黄河累计封河 1060.19km，其中宁蒙河段累计封河 704km，封河上界位于宁蒙交界麻黄沟以上 24km 处；封河上界以上河段流凌74km，龙口水库自龙口坝前向上封冻 20km，河曲河段从天桥封冻至五花城，封冻长度37km。三门峡库区河段大禹渡至大坝段全部封河，封河长度 73km，占库区长度的 64%，大禹渡下游河段共封河 46 处，总长度 226.19km，冰厚 3～30cm[2]。

　　随着全球气候变化异常状况频发以及沿河两岸经济建设发展不断创造的宝贵财富的累积，黄河流域受凌汛灾害的威胁越来越严重。当今国内很多专家已致力于与凌汛有关的课题的研究，研究方向大多以建立凌汛预报预测体系为目标，然而，这些并不能迅速消除凌汛带来的危害，因此，开展以积极防灾为主导思想，变传统减灾模式为主动防御模式，已成为摆在水利工作者们面前刻不容缓的重要任务。

1.2　研究现状

1.2.1　国外研究现状

　　第二次世界大战以后，加拿大、美国、日本和北欧等众多国家和地区对冰体研究有了较大进展，尤其在江河冰情的观测和研究方面有了迅速的发展。为适应和推动这一新兴学科的发展，由国际水力研究协会发起，并在联合国教科文组织、国际水文科学协会、世界气象组织、国际冰川学会等单位的联合倡议下，创建了国际冰情问题委员会。该委员会于1970 年在冰岛召开了第一届国际冰情学术讨论会，于 1996 年在中国召开第十三届国际冰情学术讨论会，并于 2002 年、2004 年、2006 年、2008 年（第十九届）分别在新西兰达尼丁、俄罗斯圣彼得堡、日本札幌、加拿大温哥华召开学术讨论会。目前，很多学者在对冰情观测的基础上，正越来越多地运用物理模型或数值模型解决河冰破冰方案中遇到的难题，以降低凌汛对人类的交通、发电、饮水等危害。

　　在冰凌模型研究方面，Petyk（1981）建立了适用于稳定流的冰凌模型，但到 1990 年才出现不稳定流的冰凌模型。1991 年，Ferrich 成功地模拟了 Connetiuct 河冰解冻的情况；Beltaos 做了冰坝情况的模拟；而 Hammar 和 Shen 则应用二维紊动模型，通过考虑热力增长、二次结晶和絮凝等因素对渠道中冰晶的演变过程进行了研究。

在本构模型研究方面，基于黏塑性本构模型，Flato 和 Hibler（1992）为研究极区海冰对全球气候的影响，提出了"空化流体"模型以增强海冰数值模拟的计算效率。Hunke et al.（1997）建立了弹黏塑性海冰本构模型，以提高短期海冰数值模拟中海冰内力的计算精度。Lu et al.（1998）考虑冰体黏弹性变形行为，对 Hibler 的黏塑性本构模型进行了改进以研究冰塞的形成机理。基于极地海冰应力-应变的野外测量，Coon 和 Pritchard 运用莫尔-库仑屈服准则建立了弹塑性本构模型。Elizabeth C. Hunke（2001）强调了数值模拟中数值线性化的重要性，通过对海冰动力学的弹黏塑性和黏塑性模型进行比较，改进了弹黏塑性模型，从而使得冰的应力状态收敛于解析屈服曲线，最后从低冰集度和高冰集度两个方面研究了弹黏塑性模型行为。

近年来，相关的学者已经开始通过数学模型与计算机技术结合，进行数值模拟，并在现有的试验条件下进行验证。J. E. Zufelt 和 R. Ettema（2000）建立的一维冰水耦合运动模拟冰塞的动力学非稳态模型。学者 Trisa Sain 和 R. Narasimhan 对冰的本构模型进行了深入的研究，确定了在不同温度条件下冰的弹性模量及泊松比。

另外，S. Nanthikesan et al.（1995）对瞬时蠕变下多晶冰内的张拉裂缝进行了数值模拟。L. W. Morland，R. Staroszczyk（2009）对冰在简单切变和单轴受压下，由于冰晶旋转而发生的黏性增加进行了研究。Maria Rădoane et al.（2010）研究了水力发电对罗马尼亚 Bistrita 河上游冰塞形成的影响。

1.2.2 国内研究现状

在我国境内，除黄河流域受冰凌灾害的困扰外，渤海湾地区、松花江流域、黑河流域以及新疆部分地区也会出现冰凌灾害。随着北方经济的快速发展，凌灾已经受到各个方面的高度重视，查阅大量文献发现许多水力学专家对河冰的研究是以冰塞为主题展开的，部分学者主要是围绕冰塞从形成到演变的机理展开研究的，虽有一定的成果，但是冰塞的发展过程与冰的物理性质、水力条件、热力条件以及边界条件等都有关系，其复杂性导致了研究的困难重重。

我国从 20 世纪 80 年代开始冰问题的研究，并取得了一定的成果。孙秋华（2005）对冰的力学性能及其与结构物相互作用力问题进行了研究[27]。在渤海海冰动力学模拟研究中，季顺迎等（2002）建立了黏弹塑性本构模型，在一定程度上为海冰动力学的研究提供了依据[28]。

天津大学的宋安（2008）认为，由于冰问题的复杂性，确定冰荷载的可靠方法应该是：理论（包括公式计算）的方法与室内模型实验或现场观测密切结合。他们通过对冰模拟试验以及低温冷冻模型冰特性的论述和水工结构物冰荷载模拟试验实例，阐述了冰模拟实验技术对水工建筑物冰问题研究的必要性和适用性。到目前为止，相继在大连理工大学、天津大学建立了冰力学实验室，还装备了大比例模型试验的冰容器和冰池，并已投入运行，为今后冰力学性能室内试验及模型试验创造了条件，将有力推动我国在河冰特性领域的研究和发展。

近年来，国内河冰数值模拟亦取得了长足的进展。如杨开林（2010）根据冰塞形成发展的机理提出了冰塞形成的发展方程；吴剑疆（2016）对敞露河段内水内冰花的体积分数以及水温的沿程分布进行了模拟研究，所得规律与理论分析相符；茅泽育（2004）针对天然河道弯曲复杂的特点建立了适体坐标下的二维河冰数值模型，经实地验证取得了较好的效果等。陈守煌等、王涛等、王军等关于国内基于神经网络对河流冰情的研究也取得了可喜的成果，李亚伟等尝试了 SVR 方法。

到目前为止，许多水利部门开展了冰情的野外观测，通过数据采集和分析，大大提高了我国基层单位对冰凌灾害的防治水平，为更好地减轻冰凌灾害做出了贡献。近年来，在新疆、宁夏、内蒙古、陕西、山西、河南、山东等冰凌灾害多发省份进行了大量的破冰实践，积累了很多宝贵经验和实用技术，并发表了很多科技论文和著作，如用炮轰、飞机投弹、人工爆破、设置破冰体增加破冰成效等，这极大地减轻了流冰对桥梁墩台的撞击，缩小了我国破冰技术与欧美国家的差距。

在河冰研究方面的系统性著作较为少见，国内的主要有《中国江河冰情》《中国河流冰情》等。

1.3 研究意义

从冰凌的产生发展过程到冰凌带来的危害都已经成为自然科学的一个部分，与此相关的学科有水力学、河流动力学、工程力学等很多学科。从目前的发展趋势来看，对防凌减灾方案的研究已经成为一项任重道远却意义非凡的任务。其研究意义主要体现在以下几个方面：

（1）保护沿岸人民的生命财产安全。黄河是中华民族的母亲河，哺育了一代代的中华儿女，众多炎黄儿女依岸而居。然而突发的凌灾会时刻威胁到沿岸人们的安全，每逢冬春时期，冰凌常堵塞河道，时有冰水漫溢堤岸，形成冰凌洪水，以至于淹没耕地、村庄、城镇，最终酿成重大的灾害和损失。

（2）保证航运畅通。每逢春季开河期，由于黄河特殊的地理环境和水文条件，经常形成冰塞、冰坝，及时消除凌灾可以保证河面水流畅通，航运畅行。

（3）有利于水资源的统一调度管理。黄河发源于青藏高原巴颜喀拉山，流经青海、四川、甘肃、宁夏、内蒙古、陕西、山西、河南、山东 9 个省份，横跨 23 个经度，南北相隔 10 个纬度，这种特殊的地貌状况致使上下游的每年封、开河时间段不一致，当低纬度未封冻河段的河水流向高纬度封冻河段时，受下游冰封影响，极易出现凌灾，堵塞河道，堵塞河段的冰下蓄水能力降低，河槽蓄水量增大，为开河期埋下安全隐患，因而非常不利于水资源的统一调度管理。

（4）节约国家资源。当河面出现严重的冰塞、冰坝时，按照数年来的经验性防凌措施会在数小时内派出飞机投弹破冰，一次这样的防凌行动大概花销 400 万元，而本书所研究的新型防凌措施，因其更加科学的理论和更加简便易携的民用设备，会大大地节约防凌开支，一次防凌行动花销几十万元，为我们的国家节约了很多资源。

随着相关地区国民经济的快速发展，在具有特殊地貌状况的黄河流域上凌灾会造成越来越大的损失。在"以人为本""构建和谐社会"的理念下，我们要不断提高对于涉及公共安全的防凌减灾的要求，全面提高对凌灾的防御能力，这是社会经济发展的重大需求之一，也是广大水利工作者义不容辞的责任与义务。当前的形势下，研究出一整套具有科学性、时效性的现代冰凌灾害防治的技术方案，在国内外都具有重要的现实意义、学术意义与社会意义。

因此，黄河防凌减灾是一项利国利民的工程，是值得我们全力以赴完成的战略任务，是关乎百姓利益并已经引起国务院与水利部高度重视的重大课题，也是事关中华民族兴国安邦的大事。

第2章 研究内容及方法

2.1 防凌减灾措施

黄河凌汛的演变过程十分复杂，而且变化非常迅速，凌汛灾害也难以预测、难于防御、难于抢护。为了防治冰凌灾害的发生，在长期的凌汛防治过程中，对于冰凌、冰塞、冰盖和冰坝等的产生，人们总结出了一系列减灾模式和防凌措施，但存在着明显的局限性。现有措施主要有工程措施防凌、非工程措施防凌、爆破防凌等。

2.1.1 工程措施防凌

传统的工程措施主要包括：修筑堤防工程防凌、涵闸分水防凌、水库调度防凌等。

2.1.1.1 修筑堤防工程防凌

修筑堤防工程防凌是黄河宁蒙河段凌汛防御的主要措施，发挥着不可替代的重要作用。但是，黄河宁蒙河段青铜峡以下除石嘴山峡谷以外，均为冲击性平原河道，绵延近1000km，修防难度大。龙羊峡、刘家峡等大型水库修建后，水量实行统一调度，水量分配时空分布发生了根本性的变化，下泄流量得到控制，足以冲刷河床的流量难以出现，输沙失去平衡，河床逐年淤积抬高，中小水漫滩的河段比比皆是，使堤防工程防御灾害的风险增加。另外，沿河两岸广大百姓在防洪堤内，围垦造田，修筑了大量的生产堤，河道过流能力降低，同样增加了凌汛灾害发生的风险，同时由于河道长而沿途境况复杂，水位上涨时，险工、险段、涵口、引水口仍存在很大灾患。因此，就修筑堤防工程而言，虽然做了大量的工作，但仅靠堤防工程防御凌汛灾害的发生还远远不够。

2.1.1.2 沿黄两岸涵闸分水防凌

利用沿黄两岸涵闸分水，减少河槽蓄水量来减轻凌洪威胁，在"文开河"时可起到重要的作用，但对于"武开河"，由于开河速度加快，封冻期间所蓄槽蓄水量迅速下泄，分凌效率较低。如2008年3月中旬，三湖河口水文站水位接连刷新该站建站以来的最高纪录，至20日2时30分达到1021.22m，相应流量1640m³/s，较往年历史最高水位1020.81m高出了0.41m，该站附近滩地漫滩进水，严重威胁着两岸百姓的生命财产安全。

2.1.1.3 水库调度防凌

水库调度防凌是通过调节水量，改变下游河道水力条件，形成正常的顺次开河形势，从而避免凌灾发生。黄河龙羊峡、刘家峡水库主要承担宁蒙河段的防凌任务，三门峡、小浪底水库主要承担下游段防凌任务。防凌调度运用方式是根据凌汛期气象、来水情况及冰情特点，按照发电、引水服从防凌的原则，实行全程调节，具体调度实施方案如下：

（1）流凌封河期，按下游封河安全流量控泄，尽量使河槽推迟封冻或封冻冰盖下保持较大的过流能力。由于在此期间容易发生几封几开现象，因此水库控制泄流量不宜太小也不宜太大，既要防止小流量封河时过流能力减少或后期来水量大产生几封几开、层冰层水的现象，也要防止大流量封河产生冰塞灾害。

（2）稳定封冻期水库下泄流量保持平稳，或缓慢减小，确保流量过程的平稳下泄，避免流量急剧变化，造成下游河道提前开河及槽蓄水量大幅增加。

（3）开河期加强控制泄流，减少槽蓄水增量，以期形成"文开河"局面。黄河宁夏、内蒙古河段封开河情势是封河为自下而上，开河为自上而下。当河段上游开河时，槽蓄水增量大量释放，同时伴随着凌峰出现。凌峰的出现加快了开河的速度，凌峰也会沿程递增、滚动加大以致造成冰凌的严重堆积、堵塞河道、抬高水位。

但是，由于黄河的冰凌形成受多种要素影响，承担防凌水量控制的水库与封冻河段距离较远，水量控制不当又会加剧冰凌的成灾速度，水库存量也是制约调节流量的重要因素。因此，采取水量的调度和控制在某种意义上只能起到辅助排凌的作用。

2.1.2　非工程措施防凌

非工程措施防凌主要采取监测、组织机构协调、信息传递、人员疏散等办法，在一定意义上只能降低灾情、减少损失。

2.1.3　爆破防凌

为了防治冰凌灾害的发生，经过长期的发展和完善，对冰凌、冰塞、冰排和冰坝等实施爆破已成为一种疏通河道的有效抢险方法，并在多年的实际排凌减灾中不断地显示出其独特的优越性。

在黄河凌汛期，传统的爆炸破冰技术一般有以下几种：

（1）人工小规模爆破排凌。封河和开河凌汛期，在跨河的工程建筑物（如铁路桥和公路桥）周围，为阻止桥墩周围结冰，经常组织人工小规模施爆，以防止建筑物周围冰盖的形成。这种方法的缺点是耗时长、工效低且安全性差。人工爆破防凌作业如图2.1和图2.2所示。

图2.1　人工爆破排凌（一）　　　　图2.2　人工爆破排凌（二）

（2）空中投弹爆破排凌。出现卡冰结坝时，求助于空军飞机投弹轰炸冰坝成为冰坝爆破的主要手段之一，在防凌抢险中起到了积极作用。飞机投弹爆破排凌作业如图2.3和图2.4所示。

图 2.3 飞机投弹爆破排凌（一）　　　　　　图 2.4 飞机投弹爆破排凌（二）

但是，空投炸弹爆破冰坝存在以下缺点：首先，从军用角度方面，炸弹本身是以触及引信引爆，使弹片飞射和爆轰冲击作为杀伤摧毁目标的，不是用于破冰的，对于冰凌介质不宜用金属爆片轰炸，军用炸弹用于破冰排凌，爆轰力及弹片大多向上凌空辐射，效率低、危险，且对破冰施力不科学；其次，飞机投弹破冰过程中，航弹爆炸产生的高速弹片严重威胁着周边环境及附近电力水利设施的安全，重磅炸弹将严重损坏河床，改变河道，给爆后的清理和善后工作造成极大的麻烦。在河道狭窄、拐弯以及在水工建筑物附近等冰坝极易形成之处，均很难实施准确的空中投弹作业。最后，空中投弹破冰排凌，只能在卡冰结坝后进行，而不能在凌坝形成初期阶段实施爆破，属于被动防御，而且这种方法常常受到风向等气候条件、昼夜时间和地面地形条件的限制。这样一旦抢险不及时，就很容易在短时间内造成水灾。另外，空投爆破，投弹范围宽，并且会有飞散破片威胁建筑物及人身安全等事故发生；启用空军投弹程序复杂，成本高。

（3）迫击炮破冰排凌。利用军队使用迫击炮辅助破冰也是传统的破冰方法之一，但由于药量小，且为接触性爆炸，爆炸时弹片飞射，能量利用率低，机动性差，哑弹、跳弹时危险性大，往往收效不佳。火炮轰击爆破排凌作业如图 2.5 和图 2.6 所示。

图 2.5 火炮轰击爆破排凌（一）　　　　　　图 2.6 火炮轰击爆破排凌（二）

（4）冰面可控爆破排凌。通过在黄河两岸河堤上使用迫击炮发射重磅高能破冰弹，进入冰层以下一定深度延时起爆可以起到较好的效果。但这种爆破技术属于军事爆破手段，由于弹体不具有穿冰能力，耗能较大，且弹身尾翼处应力较大；同时，装药量大且是一个定值，在灵活性、高效性和安全性等方面不具有现代冰凌灾害主动防御技术的特点。

在国外还有机械破冰船防凌、热力方法、化学方法、人工防凌等，此不赘述。

在爆破防凌理论与方法的研究方面，沿用了建筑物爆破方法和理论，采用传统断裂力学的分析方法。在分析中，其力学模型是在一个点上研究裂纹的发育，给出径向及环向裂纹的发育扩展状况。在理论研究中，采用了水体不可压缩的基本假设，认为径向及环向裂纹的发育扩展是在冰层平面内开展，其结果在冰层平面内消耗了巨大能量，因而在弹体分析中，破冰弹弹体尾部应力集中的问题十分严重。

综上所述，黄河的冰凌灾害是影响沿岸广大人民群众生命财产安全和地方经济健康发展的重大灾害之一，它的形成和发生具有频发性和随机性的特点。传统冰凌防灾技术的综合应用在以往的黄河冰凌抗灾减灾中发挥了重要作用，也取得了显著的效果。但均不具备主动防御的特点，并且在灵活性、安全性等方面存在明显的不足和局限性。就爆破技术而言，采用飞机投弹破冰排凌，炸弹本身的飞射弹片经常会严重威胁周边环境及附近人员和水利电力设施的安全，重磅炸弹又会严重损坏河床、改变河道，且飞机高空投弹又缺乏高效性、准确性，属于无控爆破，为其善后工作造成极大的麻烦，且启用军队机制的启动时期长，调动军队飞机，机动性受到程序、备战期、气象及昼夜时间的约束。使用迫击炮辅以破冰，由于药量小，且为接触性爆炸，能量利用率低、收效不佳；人工局部爆破工效低、安全性差；尽管以上措施有"主动"的意愿与相应的工程措施，实质上仍是被动防御。因为直接致灾的因素是冰塞、冰坝，而冰塞、冰坝往往不可避免，主动防御要体现在"防止冰塞、冰坝的形成"，将其消灭在萌芽状态。若一旦形成，就要快速、机动、安全、有效地解除掉，这才是真正意义上的"主动防御"。也就是说，"主动防御"要体现在预测、预警基础上，不等冰塞、冰坝形成就立即实施"快、准、狠"的防御，而不是出现灾情时再防。

因此，在总结以往理论和技术经验的基础上，深入开展黄河冰凌防治新技术的研究，探究黄河的冰凌灾害特点，以新的理论方法为指导，开发一系列有针对性的冰凌防灾减灾的技术措施和专用器材，研究科学有效的现代冰凌灾害预防的技术方案，具有其重要的现实意义和学术价值，本书采用的破冰理论及技术方法创新点见表2.1。

表 2.1　　　　　　　　　　破冰理论及技术方法创新点的比较表

序号	项目	传统方法	新方法
1	破冰理论	断裂力学的平面劈裂模型	冰体受弯抗拉性能差，采用共振理论
2	基本假设	水视为刚体，不可压缩	水可波动变形，使冰面发生波动变形
3	分析方法	爆炸点径向或环向断裂裂纹分析	利用冰体波动，使冰体与水体相互作用，产生共振响应，大范围破冰
4	破冰方法	飞机、火炮轰炸	根据冰体共振特性，炸点阵列布置，达到规模化同步破冰
5	技术器材	炸弹轰炸	采用聚能射流开洞并装药，可达到定位、定时有效爆破

续表

序号	项目	传 统 方 法	新 方 法
6	安全性	跳弹、炸弹飞片等安全隐患	无弹片炸药包、炸药袋，无杀伤力
7	环保性	对水下生态及环境工业、民用设施的破坏作用	可控在冰上、冰体内部小药量爆炸，对环境工业、民用设施的破坏作用较小
8	破冰对策	轰炸	采用聚能破冰器、火箭聚能破冰器进行施爆
9	防灾机制及经济效益	军队参与为主，调动机制约束较强；成本高	可军可民，安全易操作，机动灵活；成本低

2.2 研究内容

2.2.1 研究的思路与目标

通过研发针对黄河凌汛特点的安全性高、系统性强、机动性好和可操作性强的破冰排凌新技术和新方案，从而改进传统的凌汛灾害防治模式，使其向高新技术防灾模式转变，最终达到确保黄河凌汛安全的目标。

（1）研制出适用于不同冰盖、冰凌、冰坝形态和区域特点的聚能随进爆破技术以及专用破冰器材，其中包括聚能随进破冰器、火箭聚能破冰器。

（2）建立科学合理的爆破分析理论，为不同条件下的爆破器材参数设计提供理论指导。

（3）进行冰体在各种影响因数下的力学实验，得到强度等物理参数，给出冰应力-应变特性及冰的力学本构模型。

（4）形成操作规程与爆破方案。

本书的研究成果可用于防凌减灾、除险减灾决策、应急处置、安全管理及相关法规与标准的制定。

2.2.2 研究的主要内容

通过冰样力学参数实验，研究其静动态物理力学性能，为动力特性分析提供基础；通过力学分析，建立力学分析理论与计算方法，为不同条件下的爆破器材参数设计提供理论指导；冰凌洪水安全排放流固动力分析及堤防安全分析。

爆破器材相关研究与技术包括：

（1）聚能随进破冰器。其用途将开辟冰盖，疏通主河道的过流通道。其操作方法是：确需破冰时，人员在可以行走的冰盖上，根据破冰需要设计布设一组聚能随进破冰器，可以在主河槽开设冰渠，疏通河道的过流冰能力。在冰塞、冰坝形成之前，采取主动防御策略，疏通冰凌洪水通道，预防冰塞冰坝的形成及灾害的发生。

（2）火箭聚能破冰器。火箭聚能破冰器在岸上或运载平台上发射，可摧毁远距离的冰塞、冰坝。在冰塞、冰坝形成之前，破除大块流凌，在形成冰塞、冰坝之际，快速、机动、灵活地破除，疏通冰凌洪水通道，防止灾害的发生。

　　完成聚能随进破冰器、火箭聚能破冰器的现场试验，对试验结果和计算结果进行对比分析，研究出可靠的计算方法，模拟爆破效果，指导器材参数设计。模拟其他情况的破冰效果，指导器材设计。同时经过试验提出进一步的改进方案，形成操作规程与爆破方案。

　　在实际操作中，应制定领导、组织、协同及生产、储存、应用技术规程。

2.3　小结

　　本章从黄河冰凌的特点、黄河防凌的严峻形势、传统防凌减灾的措施及其局限性三个方面介绍了黄河防凌减灾的必要性；阐述了冰凌问题国内外研究现状；结合实际介绍了本书研究的思路、目标和主要内容。

　　实际上，由于黄河河道走向的地理特殊性，黄河气候环境、河道水流边界都呈现出与其他国内外河流的极大差异。黄河凌灾是国内外共同关注的难题。目前，对于黄河凌灾国内外无现成的治理成果拿来借鉴。国内虽然针对黄河凌灾的防御做出了巨大的努力，但是治理理念、方式方法、技术手段都无法从根本上解决黄河凌灾问题。思路与理念仍是以军队飞机与火炮轰炸的被动防御为主，技术手段效能低、危险大、成本高，机制不灵活。因此，树立主动防御的新理念，运用灵活的机制体制，借助效能高、安全性好、成本低的现代防御技术把凌灾消弭在萌芽状态是黄河凌灾防治的必然趋势。

第 3 章　冰体的物理力学性质

3.1　冰体的结构

在文献中，冰一般会被定义为一种经典材料，而不是其各方面特性都已被研究的一种特别材料，冰被发现有 13 种已知的不同的晶体结构和 2 种非结晶状态。河冰的冰点在 $-0.01 \sim -0.06℃$ 时出现，其体积随着温度的降低而增大，会产生膨胀裂纹，如图 3.1 所示。

图 3.1　冰体膨胀裂纹

冰是一种晶体结构，虽然自然界的冰体都属于对称的六方晶系，但单个的冰晶体的外形和尺寸却有很大的不同，它们会呈现片状、粒状或者柱状，尺寸也由 1mm 至几厘米不等。冰体晶格的对称轴垂直于基面，基面为若干个互相平行的平面，冰体沿着与基面平行的方向发生相对位移时，需要破坏的分子结合点的数目与破坏能量明显少于沿其他方向位移时的情况，由此说明，冰体的晶格是有序排列的，冰的强度和变形也是各向异性的。

冰在不同的结冰状况下会形成不同的晶体状态。在黄河厚达几十厘米的冰面上勘察冰体状况发现，一般在冰面的表层是细粒区，其厚度从 $0 \sim 20mm$ 不等，细粒区的厚度与天气状况和冰面状况有关，表层区下面是过渡层，其冰晶体开始有沿生长方向变长的趋势，在过渡层以下为冰排的基本结构层，一般称为柱状冰层，晶体结构沿垂直方向变长，冰的晶格对称轴（c-axis）位于与水面平行的平面内。

观察内蒙古磴口段的河冰发现，在中午温度相对较高时，冰层表面的细粒区会逐渐消融，沿着冰体因挤压膨胀而产生的原始裂纹以及孔隙向下渗透，致使冰层表面在温度偏高的中午出现凸凹不平，待温度不断下降直到又降至零下十几摄氏度的过程中，冻融的冰层表面与水又凝结一体化，表面变得十分光滑。这种周而复始的消融、结冰、再消融、再结冰的过程形成了冰晶体的柱状结构。如果某一段时间内气温一直比较低，冰体表面没有这种周而复始的消融与结冰的过程，那么冰晶体就会形成片状结构。气候条件的不同决定了冰体结构的不同。

3.2 冰体的力学性能

3.2.1 冰体的韧性性能

冰体在受压的状况下，在不同的应变速率下会表现出不同的力学性能，在低应变速率下，材料表现为韧性，本构曲线上同时存在上升和下降的分支，在没有出现宏观破坏的前提下，其塑性变形可达 0.1。在自然的状态下，冰体的温度接近于它的熔点温度，因而也称其为相对高温材料，在较低的加载速率下，冰体会产生金属在高温状态下具有的非线性流变行为，并发生韧性破坏。

在工程上定义断裂前产生的塑性变形的应变量超过 10% 的材料为韧性材料。韧性，即指材料断裂前吸收变形能量的能力。产生在基础面上的位错滑移是应变产生机制的主导因素，它包含位错相互作用的直接过程和间接过程，冰体在受拉的情况下很少会发生韧性破坏，但在压缩的状态下，加载的速率越小，晶体越小，越靠近熔点，越会产生典型的韧性破坏的特征。韧性破坏的特征包括扩散蠕变和位错蠕变，还会伴有空穴和大量重结晶的出现。在低应变速率下，冰体在拉、压荷载下都表现出韧性破坏行为。Schulson（2001），根据试验数据显示，在 −10℃ 时，冰体的抗压强度达到 14.8MPa 左右，其弹性模量在 9.7～11.2MPa 的范围内，泊松比在 0.29～0.32 的范围内，当应变速率为 $10^{-8} \sim 10^{-3}/s$ 时，晶体的抗压缩强度从 0.5MPa 增至 10MPa。冰晶体的峰值应力随温度的增大而减少，随应变速率的增加而增加。有如下公式：

$$\sigma \propto \varepsilon^m \cdot e^{\frac{mQ}{RT}} \tag{3.1}$$

式中　m——应变率敏感因子，通常取 0.3；

　　　Q——表面活性能，大小在 4590kJ/mol。

此外，韧性峰值应力与盐度空隙比及晶料大小都有关系。

在韧性变形区内，位错滑移起主导作用。换言之，应力升高就是强化的过程是位错攀移的过程；应力降低，也就是软化的过程是冰晶体内部裂纹重结晶的过程。

3.2.2 冰体的脆性性能

脆性是指在弹性变形范围内或者弹性变形后就破裂的行为，且这种破裂称为脆性破裂。在工程上，一般定义断裂前发生塑性变形的应变量小于 5% 的材料成为脆性材料。冰体在不同的加载速率下表现为不同类型的材料特性，在实施冰体爆破时，由于加载时间短并且加载速度极快，冰体在高应变率下表现出明显的脆性变形，故可视其为脆性材料。

冰的脆性行为一般表现为水平劈裂，其峰值应力与应变速率、晶粒大小、温度等的限制条件均有关。其压缩破坏应力为

$$\sigma_f = \frac{ZK_{LC}d^{-1/2}}{1-\mu} \tag{3.2}$$

式中　K_{LC}——临界应力强度因子；

　　　Z——与温度无关的无量纲系数。

下面介绍几种冰体断裂模型：

（1）径向劈裂模型。据文献［26］所述，无论是进行室内模型实验还是做现场冰力观测，冰体总会出现有径向劈裂的现象。若材料的断裂韧性已知，则裂纹开裂尺寸与冰荷载的关系为

$$C_r = 2.13 \left(\frac{\alpha P}{h K_{LC}} \right)^2 \tag{3.3}$$

式中　C_r——裂纹长度；

　　　h——冰厚；

　　K_{LC}——临界应力强度因子。

Sin（1973）给出了撞击情况下强度因子的表达式为

$$K_l = \frac{2.59F}{h} \sqrt{\pi a} \tag{3.4}$$

在冰体的爆破试验中，也常出现冰体劈裂现象，爆破过程中冰体沿径向断裂破坏，破坏体呈块状，如图 3.2 所示。

（2）表面剥裂面内开裂模型。对于冰体表面剥裂的研究，很少有具体的判断表达式，Wierzbich（1985）对此进行了观察，并给出了分析表达式：

$$\sigma = \frac{K_{LC}}{\sqrt{3(1-\nu^2)h}} \tag{3.5}$$

式中　ν——冰体的泊松比。

对于表面剥裂面的开裂破坏模型虽文献和具体的研究不多，但在具体工程实际中的确会出现这种破坏工况，在层间应力较小的冰体中一般会出现这样的破坏行为，爆破试验中有一部分冰体的破坏是属于表面剥裂面内的开裂破坏情况，其破坏后的冰体呈现剥离的片状，如图 3.3 所示。

图 3.2　冰体的径向劈裂破坏　　　　　　图 3.3　冰体表面剥裂的开裂破坏

3.3　冰体的本构模型

要研究冰体的爆破，建立能够准确反映冰的真实力学性能的本构关系是非常关键的，然而冰的力学特征是很复杂的，随着所选取冰试样的方式、地点、温度、杂质含量、加载方式以及冰体结晶方式等的不同，而显示出不同的应力-应变关系，故而要想用单一的本构模型来完全描述冰的力学性能是不可能的，因此只有按不同的性质去描述的本构关系才

是合理的。相关文献表明，根据在不同的条件下冰体表现出不同力学性质的特点，学者们分别建立了弹性模型、蠕变模型、弹塑性模型、黏弹性模型以及损伤模型。

3.3.1 冰的弹塑性本构模型概述

（1）基于 Mohr – Coulomb 准则（图 3.4）的海冰本构模型。岩土类材料特别是土壤，是由水、空气和骨料三部分组成的，而海冰是由水、空气、盐分及其他杂质所构成，不同的组分在不同的外界条件下其应力-应变关系也不同。正是由于这种微观结构的类似，许多学者把岩土力学和松散介质力学的模型引入到冰体的塑性本构模型的研究里。Coon 等和 Pritcahrd 把大、中尺度的海冰视为二维连续性介质，采用 Mohr – Coulomb 准则和相关联的正交流动法则建立了将海冰简化为平面应力问题的动力学弹塑性本构模型。

海冰的弹塑性变形可表达为

$$dA = dA_e + dA_p \tag{3.6}$$

式中　dA_e ——海冰的弹性应变增量；

$\quad\quad dA_p$ ——海冰的塑性应变增量；

$\quad\quad dA$ ——海冰的总应变增量。

在发生塑性屈服变形之前的弹性行为表达式为

$$\sigma = BA_d I + 2GA_e' \tag{3.7}$$

式中　B——海冰体积模量；

$\quad\quad G$——剪切弹性模量；

$\quad\quad A_d$——膨胀应变；

$\quad\quad A_e'$——弹性应变偏量；

$\quad\quad \sigma$——总应力。

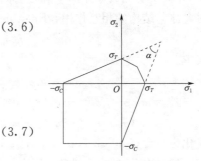

图 3.4　Mohr – Coulomb 准则

这个弹塑性模型采用 Mohr-Coulomb 屈服准则，这个屈服准则的表达式为

$$\begin{cases} f(\sigma_1, \sigma_2) = 0 \\ \sigma_1(1 + \sin\alpha) = \sigma_2(1 - \sin\alpha) + 2b\cos\alpha \\ \sigma_2(1 + \sin\alpha) = \sigma_1(1 - \sin\alpha) + 2b\cos\alpha \\ \sigma_1 = \sigma_T = \dfrac{2b\cos\alpha}{1 + \sin\alpha} \\ \sigma_2 = \sigma_T \\ \sigma_1 = -\sigma_C = \dfrac{-2b\cos\alpha}{1 - \sin\alpha} \\ \sigma_2 = -\sigma_C \end{cases} \tag{3.8}$$

式中　σ_1 ——第一主应力；

$\quad\quad \sigma_2$ ——第二主应力；

$\quad\quad b$ ——黏结力；

$\quad\quad \alpha$ ——内摩擦角；

$\quad\quad \sigma_C$ ——海冰的压缩强度；

$\quad\quad \sigma_T$ ——海冰的拉伸强度。

（2）Ralston 本构模型。对于中尺度的海冰，会表现出各向异性的力学行为。Ralsotn

在考虑到静水应力和各向异性特性的影响下，给出了一个抛物线形屈服面表达式：

$$f(\sigma_{ij}) = J_2' + \alpha J_1' - 1 = 0 \tag{3.9}$$

其中

$$J_1' = a_7 \sigma_x + a_8 \sigma_y + a_9 \sigma_z$$

$$J_2' = a_1 (\sigma_y - \sigma_z)^2 + a_2 (\sigma_z - \sigma_x)^2 + a_3 (\sigma_x - \sigma_y)^2 +$$

$$a_4 \sigma_{yz}^2 + a_5 \sigma_{zx}^2 + a_6 \sigma_{xy}^2$$

这些由实验给出的 a_i（$i = 1, 2, \cdots, 9$）代表各向异性影响参数。当冰体在表现出横观各向同性时（z 轴为对称轴），有如下参数关系：

$$a_1 = a_2, a_4 = a_5, a_6 = 2(a_1 + 2a_3), a_7 = a_8$$

Ralston 所研究的冰体的横观各向同性的塑性极限的实质是，在拉伸强度与压缩强度不同时，冰与结构的相互作用，Ralston 模型屈服条件简化为

$$f(\sigma_{ij}) = J_2' + \alpha J_1' - 1 = 0 \tag{3.10}$$

其中

$$J_1' = a_7 \alpha_x + a_8 \alpha_y + a_9 \alpha_z = a_7 \alpha_x + a_7 \alpha_y + a_9 \alpha_z$$

$$J_2' = a_1 (\sigma_y - \sigma_z)^2 + a_2 (\sigma_z - \sigma_x)^2 + a_3 (\sigma_x - \sigma_y)^2 + a_4 \sigma_{yz}^2 + a_5 \sigma_{zx}^2 + a_6 \sigma_{xy}^2$$

$$= a_1 (\sigma_y - \sigma_z)^2 + a_1 (\sigma_z - \sigma_x)^2 + a_3 (\sigma_x - \sigma_y)^2 + a_4 \sigma_{yz}^2 + a_4 \sigma_{zx}^2 + a_6 \sigma_{xy}^2$$

简化为只含有 a_1，a_3，a_4，a_7，a_9 这 5 个独立的材料参数。

1971 年，在考虑到静水压力、拉伸强度和压缩强度不同的情况下，Tshcoehi 给出了材料发生塑性变形受其影响的屈服条件：

$$f(\sigma_{ij}) = J_2' + \alpha J_1' - 1 = 0 \tag{3.11}$$

其中

$$\alpha = \frac{G - T}{2}$$

式中　G——材料的压缩屈服强度的绝对值；

　　　T——材料的拉伸屈服强度。

故系数 α 在公式中说明材料的压缩屈服强度和拉伸屈服强度不同时，应力分布对屈服强度的影响。该准则被称为 MVM 准则。

3.3.2　冰的黏弹塑性本构模型概述

1. 冰体的 Kelvin - Vogit 黏弹性本构模型

国内一些学者在冰体的 Kelvin - Vogit 黏弹性模型[32]的基础之上，分别引用了广义双剪应力屈服准则和 D - P 屈服准则，在不同的准则下考虑屈服后，采用相关流动法则建立起冰体的黏弹塑性本构模型。通过数值模拟建立起在这两种准则下的海冰动力学模型，与实际相比较证实其适用性。

在考虑到海水对海冰的静水压力作用下，采用 Kelvin - Vogit 黏弹性模型描述海冰屈服前的流变特征，海冰在屈服前的本构关系可用二维张量表述为如下形式：

$$\sigma_{ij} = 2\eta_v \dot{\varepsilon}_{ij} + (\xi_v - \eta_v)\dot{\varepsilon}_{kk}\delta_{ij} + 2G\varepsilon_{ij} + (K - G)\varepsilon_{kk}\delta_{ij} - P_r\delta_{ij} \tag{3.12}$$

式中　σ_{ij}——二维应力张量；

　　　$\dot{\varepsilon}_{ij}$——二维应变速率张量；

δ_{ij}——算子；

K——冰的体积弹性模量，$K = E/[2(1+\nu)]$；

E——冰的杨氏模量；

ν——泊松比；

G——冰的剪切弹性模量；

η_v——冰的剪切黏性系数；

ξ_v——冰的体积黏性系数；

P_r——水平静水压力项，$P_r = K_0 P_0$，其中 K_0 代表压力项转换系数，在不考虑海冰黏结力的情况下，取 $K_0 = 1 - \sin\varphi$，φ 为冰的内摩擦角。如果考虑海冰密集度的影响，则 P_0 需用下面的公式计算：

$$P_0 = \left(1 - \frac{\rho_1}{\rho_2}\right) \frac{\rho_1 g t}{2} \left(\frac{N}{N_{\max}}\right)^j \tag{3.13}$$

式中　ρ_1——海冰密度；

ρ_2——海水密度；

g——重力加速度；

t——海冰冰厚；

N——海冰密集度；

$N_{\max}$——海冰最大密集度；

j——经验系数，一般取 15。

2. 冰体的黏塑性本构模型

在冰的数值模拟中，一般都将冰视为二维连续体，且其本构方程建立在连续介质力学的基础之上。其中，针对冰在较大时空下的流变特征，并忽略其弹性力学行为的 Hibler 的黏塑性本构方程[33] 是应用最广泛的。其计算方法是在变形进入塑性前按线黏性计算，进入塑性后采用正交流动法则，且取用椭圆屈服函数，该椭圆屈服函数表达式为

$$F(\sigma_1, \sigma_2, P) = \left(\frac{\sigma_1 + \sigma_2 + P}{2}\right)^2 + \left(\frac{\sigma_1 - \sigma_2}{P}e\right)^2 - 1 = 0 \tag{3.14}$$

式中　σ_1——冰内的第一主应力；

σ_2——冰内的第二主应力；

P——海水静水压力（海冰强度）；

e——椭圆屈服曲线的主轴比。

海冰的应力-应变关系在 Hibler 的黏塑性本构方程中可表述为

$$\sigma_{ij} = 2\eta \dot{\varepsilon}_{ij} + (\zeta - \eta)\dot{\varepsilon}_{kk}\delta_{ij} - P\delta_{ij}/2 \quad (i, j = 1, 2) \tag{3.15}$$

式中　σ_{ij}——二维应力张量；

$\dot{\varepsilon}_{ij}$——二维应变速率张量；

ζ——非线性块体黏性函数，$\zeta = \min(p/2\Delta, \zeta_0)$，$\zeta_0 = 2.5 \times 10^8 P$；

η——非线性块体切变黏性函数，$\eta = \eta(\dot{\varepsilon}_{ij}, P) = \zeta/e^2$。

冰内静水压力 P 的计算公式为

$$P = P_0 \exp[-C(1-A)] \tag{3.16}$$

式中 P_0 和 C 为经验参数，研究者对于 P_0 的取值选择差异很大，而一般取 $C = 20.0$。

Hibler 的黏塑性本构模型不仅适用于海上边缘及两极地区的大尺度冰体数值模拟，还适用于渤海等地的中尺度海冰动力学模拟。该模型建立在二维各向同性连续性介质的理论基础之上，在压力项及屈服函数等方面进行了改进，以适应于不同尺度下的海冰动力学特征。

3.3.3 冰体材料的损伤模型概述

冰体爆破的过程属于破坏力学的范畴，因而研究爆破过程中冰体的破坏行为及其相应的力学计算必须建立在破坏力学的基础之上。上节提到冰体在不同的环境下表现出不同的力学性能，冰体对应变速率相当敏感，并且存在韧脆转变界限速率 $\dot{\varepsilon}_R$，当 $\dot{\varepsilon} < \dot{\varepsilon}_R$ 时，冰体表现出韧性性能，需建立损伤模型来描述；当 $\dot{\varepsilon} > \dot{\varepsilon}_R$ 时，冰体表现出脆性性能，需建立断裂模型来描述。损伤模型可表述如下[34,35]：

$$\sigma = \widetilde{F}\varepsilon(1-D) \tag{3.17}$$

式中 D——损伤量；

$\widetilde{F}$——静弹性模量，$\widetilde{F} = F/(1-D_0)$。

由此推出韧—脆转变速率下的本构模型为

$$\sigma_c(\dot{\varepsilon}_R) = \widetilde{F}\dot{\varepsilon}[1-(D_0+C_1\varepsilon_c^\alpha)] \tag{3.18}$$

式中 σ_c——材料发生微裂纹损伤时的峰值应力；

ε_c——材料发生微裂纹损伤时的峰值应变；

D_0——初始损伤量；

C_1、α——材料的系数。

3.4 小结

冰体是具有各向异性的晶体结构，在 $-15℃$ 以下表现出韧性特征，$-15℃$ 以上表现出脆性特征。冰体结构的抗拉性能差、易折裂，其力学性能参数亦具有不确定的发散性，本章讨论了不同情况下冰体材料的力学特性，在不同的环境下冰体表现出不同的本构模型规律，本书需要研究爆破冲击波作用下冰体的力学行为，因而选择冰体的损伤本构模型作为研究基础。

第4章 冰体力学本构模型的构建

4.1 冰力学性能试验研究

4.1.1 冰样单轴力学参数试验研究

通过单轴压缩试验和劈裂抗拉试验得到冰体分别在 $-5℃$、$-15℃$、$-25℃$、$-30℃$、$-35℃$、$-40℃$ 的温度下和加载速率分别为 0.05kN/s、0.1kN/s、0.3kN/s、0.5kN/s、0.8 kN/s 下的抗压强度、抗拉强度和弹性模量，并分析了温度和加载速率对抗压强度、抗拉强度和弹性模量的影响。该成果可为消除冰凌灾害进行数值模拟分析提供数据参考，便于冰体后续研究，为下一步冰下爆破工程实践提供了合理化方案。

4.1.1.1 冰样制作

（1）所需工具和材料（表 4.1）。

表 4.1　　　　　　　　　冰样力学实验所需工具和材料

工具和材料名称	数　量	备　注
水	200kg	
不锈钢管	若干	$\varphi50mm$，高 100mm，圆柱状
塑料桶	若干	
超低温冰柜	1 台	低温至 $-30℃$
钢锯	若干	
直尺	若干	
泡沫膜	多量	
硅胶套	多量	
刨木刀片	若干	
其他		

（2）制作步骤。

1）首先在每根不锈钢管内壁涂上一层凡士林，以减小冰样与钢管之间的摩擦力。

2）把不锈钢管竖直放入塑料桶中，然后倒入黄河水，水面浸没不锈钢管。

3）把塑料桶放到超低温冰柜里，设定温度后进行冷冻。

4）取样：从冰柜提出塑料桶，倒立塑料桶使整个冰体滑出（图 4.1）。

5）击打冰体，使冰体破裂，取出不锈钢管，如图 4.2 所示。

图 4.1　塑料桶制冰

图 4.2　冰样

图 4.3　冰样

6）用拇指按住不锈钢管一端，用力推出冰样，如图 4.3 所示。

7）观察所得的圆柱体冰样，用直尺量出长度为 110mm，且裂纹、气泡均较少的部分，并进行标号。

8）在标号处截断，通过测量、刨木刀片刨滑截得部分横截面，直至冰样高度为 100mm，并称其质量，如图 4.4 所示。

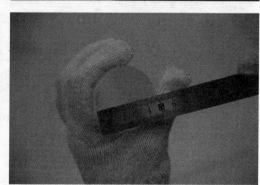

图 4.4（一）　冰样加工过程

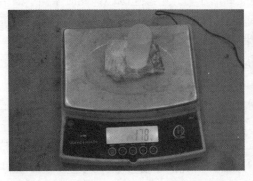

图 4.4（二）　冰样加工过程

4.1.1.2　试验开展

利用 WAW 系列微机控制电液伺服万能试验机进行匀速加载，先用冰块把材料试验机的上下压头降温约 5min，在上下压头周围放置用塑料瓶装的冰块，降低冰试样与周围空气进行热交换。把冰体置于试验机上，准确调整试件的位置，使其轴心与上下压头的中心线对准。开动压力试验机，调节上压头，使其与冰柱上表面留有 1mm，以防调节过快，压坏冰样。打开控制软件，调节加载速率，加载速率分为 0.05kN/s、0.1kN/s、0.3kN/s、0.5kN/s、0.8kN/s，试验开始。试验机的上压头匀速下降，试样断裂时，试验自动完成并自动保存试验数据。每组试验样品数为 6 个。在进行劈拉实验时，压条温度要在试样所需温度下冰冻 10min。冰力学试验现场如图 4.5 所示。

实验的过程中，冰的应力-位移曲线多样，应选择较为规则的曲线进行研究。较规则的曲线特征为：①在弹性阶段具有明显的直线段；②脆性特性明显，在加载达到极限强度时，冰体直接破碎失效。以温度 $-15℃$、加载速率 0.1kN/s 对单轴压缩过程进行分析说明，加载过程曲线如图 4.6 所示。纵轴为冰样上表面应力大小，横轴为位移大小。在应变 $0-A$ 时，仪器上探头没有接触冰试样上表面，冰样上表面应力为 0MPa。从 B 点以后，冰样受到的应力逐渐增大，在 C 点时达到最大。在 $A-B$ 阶段，曲线非直线，是因为冰体上表面不平整，

图 4.5　冰力学试验现场

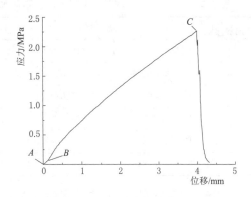

图 4.6　在温度 $-15℃$、加载速率 0.1kN/s 的情况下冰体试样应力-位移曲线

与探头没有充分接触。在 C 点以后阶段，冰体受到的压力开始急速减小，此时冰样中的结构发生局部破坏或产生裂纹，冰样内部结构瞬间失效。当加载压力达到冰样承受的最大压力时，冰试样瞬间失效。在进行压缩弹性模量数据分析时，应选取位移 B-C 的阶段，B-C 阶段可近似为直线。冰试样的压缩失效强度选择应力最大点即极限强度。

4.1.1.3　试验结果分析

（1）抗压强度。冰体的单轴压缩试验是冰力学研究的主要内容之一。单轴试验为三轴试验打基础，积累试件制作的经验及试验操作经验，同时与已有的单轴试验结果进行比

图 4.7　冰样压缩破坏效果

较。冰的抗压强度和压缩弹性模量是冰下水中爆炸研究的主要参数。这些参数的获得可为工程实践以及数值模拟提供数据参考。另外，冰的单轴无侧限压缩试验力学概念清楚，是研究天然冰基本特性与冰力学性能的基本方法。冰体在力的作用下从局部或内部开始产生裂缝，随着荷载的增加，裂缝继续延伸、扩张，直至最后冰体破碎，结构失效。冰样压缩破坏效果如图 4.7 所示。

冰体受到的破坏贯穿始终，因此常用冰的强度来确定冰的最大抗力，一般并不考虑冰内部微观结构的破损，而是通过试验得到极限应力作为冰的单轴压缩强度。轴心抗压强度应按下式计算：

$$f_{cp} = \frac{F}{A} \tag{4.1}$$

式中　f_{cp}——轴心抗压强度；

　　　F——试件破坏的最大荷载；

　　　A——试件的承压面积。

不同温度、不同加载速率下的抗压强度数据见表 4.2，其变化曲线如图 4.8、图 4.9 所示。

表 4.2　　　　　　　　　不同温度、不同加载速率下的抗压强度

加载速率/ (kN/s)	抗　压　强　度/MPa					
	−5℃	−15℃	−25℃	−30℃	−35℃	−40℃
0.05	2.579108	2.694735	3.433121	3.943694	6.433835	6.555097
0.1	2.369851	2.900408	3.496773	4.482972	6.175028	6.828634
0.3	2.741571	2.916666	3.956546	4.594098	6.885019	7.035014
0.5	3.054459	3.156405	4.582420	4.934466	6.967552	7.115791
0.8	3.466808	4.066115	4.790323	5.977592	7.147136	7.421328

由图 4.8 知，在加载速率一定的条件下，在一定范围内抗压强度随着温度的降低而增大；由图 4.9 知，应变速率对抗压强度的影响不太明显，在一定范围内抗压强度也随着加载速率的增加而增大。在上述温度、加载速率范围内，冰的抗压强度值在 2.3～7.4MPa 之间。

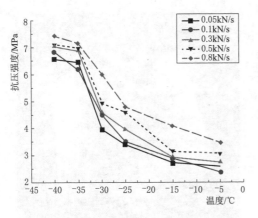

图 4.8 不同加载速率下抗压强度
随温度变化曲线

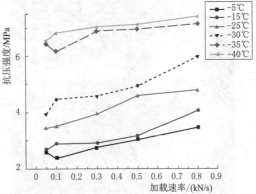

图 4.9 不同温度下抗压强度
随加载速率变化曲线

（2）劈裂抗拉强度。冰体的抗拉强度是其基本力学性能之一。目前对冰体抗拉强度的研究，按试件受力强度的研究有多种试验测量方法。根据试件受力情况的不同，主要有以下 3 种：直接受拉试验法、劈裂试验法和弯折试验法。由于冰体抗拉强度的影响因素较多，因此至今还没有一种统一标准的抗拉试验法和量测标准。轴心抗拉强度是通过棱柱体试件的直接受拉试验确定的，如图 4.10 所示，采用此法比较困难，因为轴心抗

图 4.10 冰冻坏的轴心抗拉试样

拉强度的测量对设备和试验技术有相当高的要求。在试件冻制的过程中，由于膨胀力的作用，冰体试样往往中间较四周凸起，裂纹较多且深入到整个冰体内部；试件的冻制时间较长，一般为 3 天，不利于大量试件成型；试件的安装及受力均要求较高，中心稍有偏差就会引起偏拉破坏，影响试验结果。相比之下，用劈拉试验测量则简单易行。因此，目前工程上广泛地使用劈拉强度，并以此来推断冰体轴拉强度。冰样劈拉试验效果如图 4.11 所示。

不同温度、不同加载速率下的抗拉强度试验数据见表 4.3，其变化曲线如图 4.12、图 4.13 所示。目前常用的圆柱体试件劈拉强度计算公式为

$$f_t = \frac{2P}{\pi l d} \tag{4.2}$$

图 4.12 表明，在加载速率一定的条件下，冰体材料的抗拉强度随温度变化的降低而增大；图 3.13 表明，在温度一定的条件下，冰体材料的抗拉强度在一定范围内随加载速率的增加也逐渐增大。抗拉强度最大值 3.58MPa 出现在温度 -40℃、加载速率 0.8kN/s 的情况下，最小值 1.37MPa 出现在温度 -5℃、加载速率 0.05kN/s 的情况下。在上述温度、加载速率范围内，冰的抗拉强度值在 1.3～3.5MPa 之间。表 4.5、表 4.6 中的数值进行比较，冰体单轴抗压强度大于劈拉强度，经过计算冰体的劈拉强度是抗压强度的 0.4～0.8 倍。

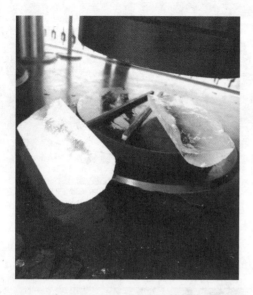

图 4.11　冰样劈拉试验效果

表 4.3　　　　　　　　　　不同温度、不同加载速率下的抗拉强度

加载速率/ (kN/s)	抗 拉 强 度/MPa					
	−5℃	−15℃	−25℃	−30℃	−35℃	−40℃
0.05	1.37613	1.42273	1.87239	1.97466	2.02711	2.24003
0.1	1.70644	2.00222	2.05955	2.13662	2.21362	2.32469
0.3	1.93312	2.12823	2.2206	2.73631	2.87172	3.00698
0.5	2.08684	2.17466	2.39875	2.76051	2.97276	3.23332
0.8	2.26773	2.36063	2.51463	2.81292	3.08387	3.58877

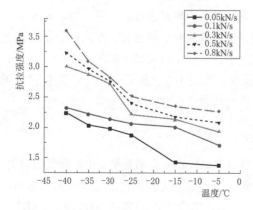

图 4.12　不同加载速率下抗拉
强度随温度变化曲线

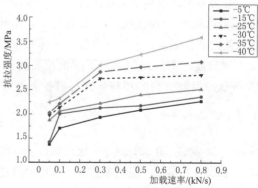

图 4.13　不同温度下抗拉强度
随加载速率变化曲线

（3）河冰弹性模量。河冰弹性模量是冰下水中爆炸仿真分析所需的基本参数之一，而

目前国内对河冰弹性模量的研究较少，对其规律认识尚不全面，为此根据冰体单轴压缩强度试验结果来推导弹性模量。在均匀加压冰体的初始阶段，由于试件在制作上存在误差或冰体上表面不够平滑，上压头与其不能充分接触，表现出来的弹性性能不明显。因此，在应力-应变曲线上选取直线上升阶段来进行研究。按式（4.3）计算压缩弹性模量值，结果见表4.4，其变化曲线如图4.14、图4.15所示。

$$E = \frac{4l\Delta P}{\pi D^2 \Delta l} \tag{4.3}$$

表 4.4　　　　　　　　　　　不同温度、不同加载速率下的弹性模量

加载速率/	弹性模量/GPa					
(kN/s)	−5℃	−15℃	−25℃	−30℃	−35℃	−40℃
0.05	0.46798	0.50746	0.53139	0.59881	0.64108	0.57085
0.1	0.52081	0.56746	0.65343	0.70353	0.73834	0.60434
0.3	0.62156	0.64093	0.69136	0.73191	0.79402	0.68232
0.5	0.48013	0.53545	0.59158	0.70499	0.76832	0.51301
0.8	0.44159	0.50756	0.52964	0.57243	0.68878	0.48733

由图4.14可知，在0～35℃范围内，在同一应变速率下，冰体压缩弹性模量随温度的降低呈增大的趋势，在35℃左右达到最大值；由图4.15知，在同一温度的情况下，压缩弹性模量随着加载速率改变而改变，存在极值点，但是出现峰值时的加载速率不一样。在上述温度、加载速率范围内，冰的抗压强度值在0.4～0.8GPa之间。

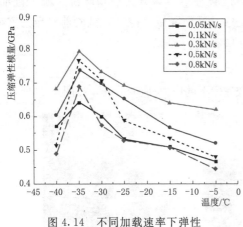

图 4.14　不同加载速率下弹性
模量随温度变化曲线

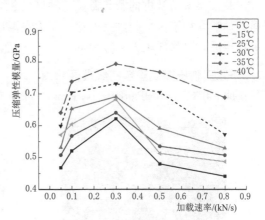

图 4.15　不同温度下弹性模量
随加载速率变化曲线

4.2　冰样三轴力学参数实验研究

为了准确测得冰的力学参数，在岩石三轴压缩试验的基础上，通过改进试验方法，控制试验条件，采用高低温三轴试验机进行冰的三轴压缩试验，测得了冰体在不同温度（−5℃、−10℃、−20℃）、不同加载速度（0.01 mm/min、0.1mm/min、2.0mm/min）、

不同围压（1.5MPa、2.5MPa、3.5MPa）下的强度和变形，以及冰的强度和变形随温度、加载速度和围压的变化规律。

4.2.1　试件的选材及加工

参照有关材料力学性能试验标准，本试验采用人工制作的 50mm×100mm 圆柱体冰试件，所用设备和工具主要有低温冰柜、不锈钢管、塑料桶、切割机和钢锯等（图 4.16），经过冷冻、取样、切割和加工等多道程序，制作出试验所需的标准试件，并采用保温膜进行包裹，避免冰体周围温度变化的影响。

(a) 试验所用仪器　　　　　　(b) 试验所用切割机　　　　　　(c) 冰试样冷冻效果

图 4.16　试验用设备及试样

4.2.2　试验过程及试验条件

试验仪器采用微机伺服高低温三轴试验机，试验基本步骤分为酒精降温、添加硅油、装样、加油（加围压）和数据保存。压力室温度通过酒精降温来控制，试验前对压力室硅油进行冷冻，以降低压力室温度（图 4.17～图 4.22）。

4.2.3　冰三轴压缩试验全曲线几何特点

选取 −10℃、1.5MPa 围压、0.1 mm/min 加载速度下的应力-应变曲线，如图 4.23 所示。

图 4.17　装样过程　　　　　　　　图 4.18　试验人员讨论试验中遇到的问题

图 4.19 压力室安装（一）

图 4.20 压力室安装（二）

图 4.21 试验过程电脑操作

图 4.22 电脑控制界面

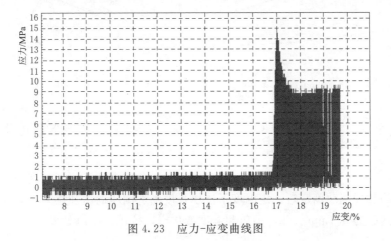

图 4.23 应力-应变曲线图

图 4.24　试件破坏后图示

在 310s 之前，压头和试件没有接触，应力没有变化，呈现一条水平直线，当压头和试件接触的瞬间，应力值突然增加，直至达到峰值，试件破坏以后，应力值逐渐减小；应力-应变曲线图中，曲线峰值明显，应力、应变变化规律合理，体现出冰体材料的脆性性能，破坏后的试件周围凹凸不平，试件内部左右分层明显，左侧受压破坏（图 4.24）。

4.2.4　试验数据分析

当加载速度为 2mm/min，围压和温度变化时，抗压强度值见表 4.5。

表 4.5　　　　　　加载速度为 2mm/min 时，不同围压和温度下抗压强度值　　　　　单位：MPa

围　　压	抗压强度		
	$-5℃$	$-10℃$	$-20℃$
1.5	15.733	16.116	18.452
2.5	21.194	23.987	24.646
3.5	22.712	26.058	29.840

一定加载速度、一定围压下，抗压强度随温度的变化曲线如图 4.25 所示。

一定加载速度、一定温度下，抗压强度随围压的变化曲线如图 4.26 所示。

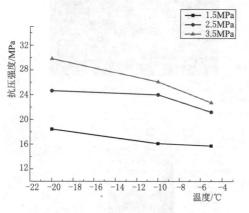

图 4.25　抗压强度随温度的
变化曲线（2mm/min）

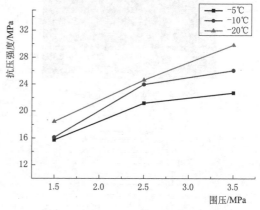

图 4.26　抗压强度随围压的
变化曲线

由图 4.25 和图 4.26 可知，当加载速率确定时，一定围压下抗压强度随着温度的增加逐渐减小；当加载速率确定，一定温度下抗压强度随着围压的增加逐渐增大。

当加载速率为 0.1mm/min，围压和温度变化时，抗压强度值见表 4.6。

表4.6 加载速率为 0.1mm/min 时，不同围压和温度下抗压强度值 单位：MPa

围 压	抗压强度		
	−5℃	−10℃	−20℃
1.5	11.835	13.504	15.877
2.5	15.930	18.023	20.531
3.5	21.514	23.589	24.426

一定加载速率、一定围压下，抗压强度随温度的变化曲线如图4.27所示。

一定加载速率、一定温度下，抗压强度随围压的变化曲线如图4.28所示。

由图4.27和图4.28可知，当加载速率确定时，一定围压下抗压强度随着温度的增加逐渐减小；当加载速率确定时，一定温度下抗压强度随着围压的增加逐渐增大。

当加载速率为 0.01mm/min 时，围压和温度变化时，抗压强度值见表4.7。

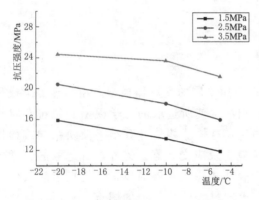

图4.27 抗压强度随温度的变化曲线　　　图4.28 抗压强度随围压的变化曲线

表4.7 加载速率为 0.01mm/min 时，不同围压和温度下抗压强度值 单位：MPa

围 压	抗 压 强 度		
	−5℃	−10℃	−20℃
1.5	12.316	12.813	13.927
2.5	13.473	17.759	18.432
3.5	16.560	19.698	21.854

一定加载速率、一定围压下，抗压强度随温度的变化曲线如图4.29所示。

一定加载速率、一定温度下，抗压强度随围压的变化曲线如图4.30所示。

由图4.29和图4.30可知，当加载速率确定时，一定围压下抗压强度随着温度的增加逐渐减小；当加载速度确定时，一定温度下抗压强度随着围压的增加逐渐增大；在围压和温度一定的情况下，抗压强度随着加载速率的增加而增大。

结合实际，开河期容易形成冰塞、冰坝等冰凌灾害，此时冰面温度为−10℃左右，根据三轴试验结果，冰抗压强度在 12.813～26.058MPa 之间，该值明显比单轴试验结果大，应更接近实际。由单轴实验结果可知，同一温度、同一加载速率下，抗拉强度与其抗压强度的比值在

0.4～0.7 倍，在数值模拟计算时，冰体三轴抗拉强度建议在 5～19MPa 之间根据情况选取。

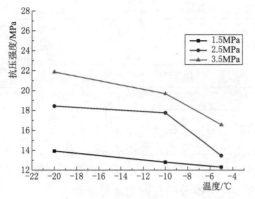

图 4.29　抗压强度随温度的变化曲线

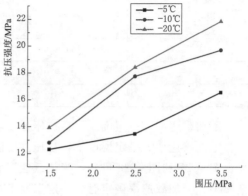

图 4.30　抗压强度随围压的变化曲线

4.3　冰的力学本构模型

4.3.1　力学本构模型的选择

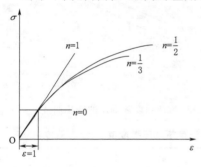

图 4.31　幂强化力学模型

对于不同的材料，不同的应用领域，可以采用不同的变形体模型。在确定力学模型时，要特别注意使所选取的力学模型必须符合材料的实际情况，这样才能使计算结果反映结构或构件中的真实应力及应变状态。另外，所选取的力学模型的数学表达式应该足够简单，以便在求解具体问题时，不出现过大的数学上的困难。常用的简化力学模型有"理想弹塑性力学模型""线性强化弹塑性力学模型""幂强化力学模型"和"理想刚塑性力学模型"，通过分析试验数据和单轴试验应力-应变曲线特征，初步确定冰材料符合幂强化力学模型特征，如图 4.31 所示。

通过试验与之对比得知：无论是单向或是三向加载，冰材料的应力-应变曲线都具有幂强化形式特征，即 $\sigma = A\varepsilon^m$（单向）或 $\sigma_i = A\varepsilon_i^m$（三向）。其中

$$\sigma_i = \frac{\sqrt{2}}{2}\sqrt{(s_1 - s_2)^2 + (s_2 - s_3)^2 + (s_3 - s_1)^2}$$

$$\varepsilon_i = \frac{\sqrt{2}}{3}\sqrt{(e_1 - e_2)^2 + (e_2 - e_3)^2 + (e_3 - e_1)^2}$$

实际爆炸破冰过程，由于冰体强度较小，从受力到破坏一直应是主动加载、主动变形的过程，没有卸载的过程；同时，冰体的脆性低强度特点，决定了整个破坏过程也是在小变形范围。因此，对冰体爆炸施力破碎，比较接近形变理论特征。冰材料本构模型采用幂强化力学模型是理想的，给计算带来方便。

该模型可以避免解析式在 $\varepsilon = \varepsilon_s$（达到屈服应变）处的变化，本试验通过三轴试验进

行拟合，即取

$$\sigma_i = A\varepsilon_i^m \tag{4.4}$$

式中　m——幂强化系数，介于 0 与 1 之间。

曲线在 $\varepsilon=0$ 处与 σ 轴相切，且有

$$\begin{cases} \sigma = A\varepsilon, & \text{当 } n = 1 \\ \sigma = A, & \text{当 } n = 0 \end{cases} \tag{4.5}$$

式（4.5）中，第一式代表理想弹性模型，若将式中的 A 用弹性模量 E 代替，则为胡克定律的表达式。而式（4.5）的第二式若将 A 用 σ_s 代替，则为理想塑性（或称刚塑性）力学模型。通过求解式（4.5）可得 $\varepsilon=1$，即这两条线在 $\varepsilon=1$ 处相交。幂强化力学模型解析式比较简单，且 m 可以在较大范围内变化，所以常被采用。

当进行简单加载，以及各向比例变形下，本构曲线仍为幂函数特征，且三轴与单轴实验结果有较好的形态拟合性。这也证实了"单一曲线假设"的正确性。

4.3.2　最小二乘法曲线拟合

在研究两个变量 (x, y) 之间的相互关系时，通常可以得到一系列成对的数据 $(x_1, y_1; x_2, y_2; \cdots; x_n, y_n)$；将这些数据描绘在 x-y 直角坐标系中，若发现这些点在一条直线附近，可以令这条直线方程如式 4.6 所示。

$$Y_i = a_0 + a_1 X_i \tag{4.6}$$

式中，a_0、a_1 是任意实数。

为建立此直线方程就要确定 a_0 和 a_1，应用"最小二乘法原理"，将实测值 Y_i 与利用计算值 $(Y_i = a_0 + a_1 Y_i)$ 的离差 $(Y_i - Y_j)$ 的平方和 $\sum(Y_i - Y_j)^2$ 最小为"优化判据"。令

$$\phi = \sum(Y_i - Y_j)^2 \tag{4.7}$$

把式（4.6）代入式（4.7）中得

$$\phi = \sum_{i=1}^{n}(Y_i - a_0 - a_1 X_i)^2 \tag{4.8}$$

当 $\sum(Y_i - Y_j)^2$ 最小时，可用函数 ϕ 对 a_0、a_1 求偏导数，令这两个偏导数等于 0。即

$$\sum_{i=1}^{n} 2(a_0 + a_1 X_i - Y_j) = 0 \tag{4.9}$$

$$\sum_{i=1}^{n} 2X_i(a_0 + a_1 X_i - Y_j) = 0 \tag{4.10}$$

亦即

$$na_0 = \left(\sum_{i=1}^{n} X_i\right)a_1 = \sum_{i=1}^{n} Y_i \tag{4.11}$$

$$\left(\sum_{i=1}^{n} X_i\right)a_0 + a_1 \sum_{i=1}^{n} X_i^2 = \sum_{i=1}^{n}(X_i Y_i) \tag{4.12}$$

得到的两个关于 a_0、a_1 为未知数的两个方程组，解这两个方程组得出：

$$a_0 = \frac{\sum_{i=1}^{n} Y_i}{n} - \frac{\left(\sum_{i=1}^{n} X_i\right)a_1}{n} \tag{4.13}$$

$$a_1 = \frac{n\sum_{i=1}^{n}(X_iY_i) - \sum_{i=1}^{n}X_i\sum_{i=1}^{n}Y_i}{n\sum_{i=1}^{n}X_i^2 - \left(\sum_{i=1}^{n}X_i\right)^2} \tag{4.14}$$

这时把 a_0、a_1 代入式（4.6）中，得到回归的元线性方程，即数学模型。

4.3.3　冰体力学本构模型的构建

本书冰的力学模型采用幂强化模型，应力-应变关系式为：$\sigma = A\varepsilon^m$，为计算拟合，先对此公式两边取常数对数将该函数线性化，即

$$\ln\sigma = \ln A + m\ln\varepsilon \tag{4.15}$$

令

$$\ln\sigma = Y_i,\ a_0 = \ln A,\ a_1 = m,\ X_i = \ln\varepsilon$$

则有

$$Y_i = a_0 + a_1 X_i \tag{4.16}$$

对于 a_0 和 a_1，可以用前面介绍的最小二乘法计算，先列出数据表，见表 4.8。

表 4.8　　　　－5℃、加载速率为 0.01mm/min、围压为 1.5MPa 时数据表

σ	ε	Y	XY	X^2
1.769231	0.000858	0.570545	－4.02872	49.86029
5.282051	0.001619	1.664315	－10.6944	41.2899
5.641026	0.002124	1.730066	－10.6476	37.87729
7.051282	0.007117	1.953209	－9.65902	24.45507
9.179487	0.008112	2.216971	－10.6733	23.17798
10.23077	0.009607	2.3254	－10.8021	21.57858
10.58974	0.0106	2.359886	－10.7301	20.67403
11.28205	0.011103	2.423213	－10.9057	20.25469
12.6615	0.011407	2.538566	－11.3564	20.01267
12.69231	0.01171	2.540996	－11.3005	19.7784
13.05128	0.012014	2.568886	－11.3588	19.55133
13.41026	0.012402	2.59602	－11.3963	19.27137
14.10256	0.012691	2.646357	－11.5563	19.06946
14.46154	0.013011	2.671493	－11.5996	18.8528
$\sum$	0.1244	30.8059	－146.7089	355.7039

利用数据表 4.8，可根据式（4.13）和式（4.14）直接求出 a_0 和 a_1，再根据式（4.15）算出 A 和 m，即

$$a_0 = 5.2254$$
$$a_1 = 0.60090$$
$$A = 185.9355$$

$$m=0.6090$$

得出冰的应力-应变力学模型，其模型曲线如图 4.32 所示。

$$\sigma=185.9355\varepsilon^{0.6090}$$

表 4.9 −10℃、加载速率为 0.1mm/min、围压为 1.5MPa 时数据表

σ	ε	Y	XY	X^2
7.051282	0.001749	1.953209	−12.4005	40.30699
7.410256	0.002326	2.002865	−12.1443	36.76563
8.102564	0.002735	2.092181	−12.3472	34.82864
9.871795	0.003232	2.289682	−13.1307	32.8871
10.58974	0.003784	2.359886	−13.161	31.10239
10.94872	0.00425	2.393222	−13.0688	29.81991
11.28205	0.004783	2.423213	−12.9466	28.54475
11.64103	0.005179	2.454536	−12.9185	27.70043
12	0.004989	2.484907	−13.1713	28.09542
Σ	0.0330	20.4537	−115.2888	290.0513

利用数据表 4.9，可根据式（4.13）和式（4.14）直接求出 a_0 和 a_1，再根据式（4.15）算出 A 和 m，即

$$a_0=5.2619$$

$$a_1=0.5276$$

$$A=192.8476$$

$$m=0.5276$$

得出冰的应力-应变力学模型，其模型曲线如图 4.33 所示：

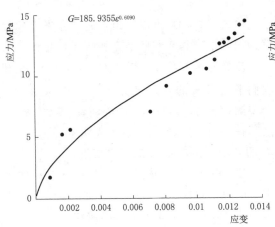

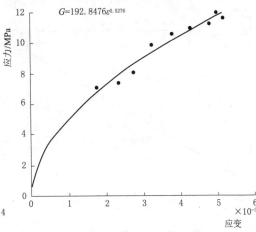

图 4.32 −5℃、加载速率为 0.01mm/min、围压为 1.5MPa 时冰的力学模型曲线

图 4.33 −10℃、加载速率为 0.1mm/min、围压为 1.5MPa 时冰的力学模型曲线

4.3.4　误差分析

拟合优度是指拟合直线对观测值的拟合程度。显然，若观测点离回归直线近，则拟合程度好；反之则拟合程度差。度量拟合优度的统计量是可决系数（又称确定系数 R^2），其表达式为

$$R^2 = \frac{\sum\limits_{i=1}^{n} (\hat{y}_i - \bar{y})^2}{\sum\limits_{i=1}^{n} (y_i - \bar{y})^2} \triangleq \frac{S_R}{S_T} \tag{4.17}$$

如图 4.34 所示，考虑平方和分解，则

$$S_T = \sum_{i=1}^{n} (y_i - \bar{y})^2 = \sum_{i=1}^{n} (y_i - \hat{y}_i)^2 + \sum_{i=1}^{n} (\hat{y}_i - \bar{y})^2 \triangleq S_e + S_R \tag{4.18}$$

其中交叉项

$$
\begin{aligned}
&\sum_{i=1}^{n} (y_i - \hat{y}_i)(\hat{y}_i - \bar{y}) \\
&= \sum_{i=1}^{n} (y_i - \hat{\beta}_0 - \hat{\beta}_1 x_i)(\hat{\beta}_0 + \hat{\beta}_1 x_i - \bar{y}) \\
&= (\hat{\beta}_0 - \bar{y}) \sum_{i=1}^{n} (y_i - \hat{\beta}_0 - \hat{\beta}_1 x_i) + \hat{\beta}_1 \sum_{i=1}^{n} (y_i - \hat{\beta}_0 - \hat{\beta}_1 x_i) x_i \\
&= 0
\end{aligned}
\tag{4.19}
$$

式中　S_T——总变差平方和，$S_T = \sum\limits_{i=1}^{n} (y_i - \bar{y})^2$；

S_e——残差平方和，$S_e = \sum\limits_{i=1}^{n} (y_i - \hat{y}_i)^2 = n\hat{\sigma}^2$；

S_R——回归平方和，$S_R = \sum\limits_{i=1}^{n} (\hat{y}_i - \bar{y})^2 = \sum\limits_{i=1}^{n} \hat{\beta}_1{}^2 (x_i - \bar{x})^2 = \hat{\beta}_1{}^2 I_{xx}$。

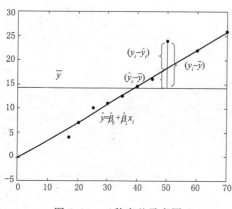

图 4.34　三种离差示意图

由式（4.18）可以知道，总变差平方和分解为回归平方和与残差平方和两部分的和。

总变差平方和 S_T 表示 y_1，y_2，$\cdots$，y_n 和它们平均值 $\bar{y}$ 的变差平方和，S_T 越大表明 n 个观测值 y_1，y_2，$\cdots$，y_n 的波动越大，即 y_i 之间越分散；反之，S_T 越小表明 y_1，y_2，$\cdots$，y_n 的波动越小，即 y_i 之间越接近。

残差平方和 S_e 描述了误差平方波动的大小，反映了除掉由 x 之外的未加控制的因素引起的波动，即随机误差引起的波动。

由于 $\dfrac{1}{n} \sum\limits_{i=1}^{n} \hat{y}_i = \dfrac{1}{n} \sum\limits_{i=1}^{n} (\hat{\beta}_0 + \hat{\beta}_1 x_i) = \hat{\beta}_0 +$

$\hat{\beta}_1 \bar{x} = \bar{y}$，即 $\hat{y}_1$，$\hat{y}_2$，$\cdots$，$\hat{y}_n$ 的平均值也是 $\bar{y}$，因此回归平方和 S_R 表示 $\hat{y}_1$，$\hat{y}_2$，$\cdots$，$\hat{y}_n$

与它们的平均值 $\bar{y}$ 的变差平方和，反映了 $\hat{y}_1$，$\hat{y}_2$，…，$\hat{y}_n$ 的分散程度。

由式（3.16）得知，R^2 的取值范围是 $[0，1]$。R^2 的值越接近 1，说明回归直线对观测值的拟合程度越好；反之，R^2 的值越接近 0，说明回归直线对观测值的拟合程度越差。

通过式（4.16）计算，本试验得到两种温度下，不同力学模型的拟合优度数值，见表 4.10。

表 4.10　　　　　　　　　　 −5℃ 与 −10℃ 下不同力学模型的拟合优度

温度/℃	力学模型经验公式	R - square
−5	$\sigma = 185.9355\varepsilon^{0.6090}$	0.9002
−10	$\sigma = 192.84876\varepsilon^{0.5276}$	0.9554

很显然，两种情况拟合优度都非常理想。

4.4　小结

本章重点介绍了冰体力学试验，包括单轴力学试验和三轴力学试验。单轴试验有一部分结果，但单轴实验成果显然不能真实反映出冰体爆破的力学状态，三轴实验在国内外都无现成结果，这主要是冰体作为一种特殊的低温脆性材料，试件难以制作，没有现成的仪器，经过创新努力，得出了可靠的应力-应变曲线。应力-应变曲线为非线性特征，无明显的屈服阶段。此外，根据试验结果，进行了曲线拟合，建立了冰体幂函数形式的本构模型，为后面的理论分析、数值模拟及破冰器材的研发打下了基础。

第5章 有限元数值模拟

爆破破冰是现在防凌减灾的主要技术，冰体的主动爆破是有效阻止冰坝冰塞形成的关键。若实现冰体结构的有效爆破，同时又安全，又具有推广价值，不能单靠大批量的器材实验，因为试验成本高，且有时试验是破坏性的、不可逆的，因此必须对冰体结构的爆破动力特性进行计算模拟。

5.1 浮冰、冰盖结构动力特性及动力响应分析

5.1.1 浮冰结构流固耦合动力特性分析

爆破后，当浮冰与黄河水一起下泄时，水体与冰体的相互作用影响着堤防和过水建筑物，也需进行力学分析，以免造成对堤防及桥梁等过水建筑物的损伤。浮冰、冰盖结构动力特性的问题实属流固耦合（fluid-solid-interaction，FSI）系统的动力学问题，这类问题的显著特点是固体的变形和流体的变形相互影响，动力学控制方程中未知变量无法由固体域和流体域单独求解。对于这类问题存在弱耦合和强耦合两种处理方法。弱耦合方法是对流体模型进行了简化处理，将流体对固体的作用归结为"附加质量"。1922年至今，许多学者在这方面进行了大量的工作。由于"附加质量"方法具有概念清晰和便于应用的特点，在很长一段时间内，其研究成果在工程实际中得到了广泛应用。但是，对流体模型的过分假设严重地限制了"附加质量"方法的应用范围，特别是对一些高阶频率来讲，而高阶频率对爆炸冲击作用更为敏感，故防凌减灾技术中应用附加质量的方法存在严重的局限性。强耦合方法对流体和固体不采用任何简化，而采用精确的描述模型。这样一来，通过耦合界面上的连续性条件耦合在一起的流体方程和固体方程进行联立求解。本研究以水体加速度为0为假设条件，采用位移-压力格式的有限元模型来描述上述流固耦合系统，即对结构采用位移单元进行离散而对流体采用压力单元进行离散。这种格式的有限元最终将流固耦合系统归结为一个具有大型非对称矩阵的特征值问题。这种非对称特征值问题的求解同对称特征值问题相比要困难得多。本书采用 Arnoldi 方法对这种大型非对称特征值问题进行求解，从而获得水上浮冰结构的动力特性。

5.1.2 数值算例

将 Arnoldi 迭代方法应用于浮冰、冰盖结构问题之前，必须验证这种方法的可行性和可靠性，据相关文献，储液容器的动力特性得到了广泛且深入的实验和计算研究。储液容器的动力学问题属于 FSI 系统的动力学问题，故可以通过简单的储液容器问题检验该方法的整个流固耦合的适用性，储液容器几何参数：$H = 231\text{mm}$，$\phi = 153\text{mm}$，$t = 1.5\text{mm}$；容器材料常数：$E = 2.05\text{e}11\ \text{N/m}^2$，$\nu = 0.3$，$\rho_s = 7800\text{kg/m}^3$；流体的材料常数：$c =$

1414.2m/s，$\rho_f = 1000$kg/m^3。用本书的 Arnoldi 迭代方法得到的一些低阶频率和文献结果汇总，见表5.1。

表 5.1   储液容器的低阶固有频率值 f 单位：Hz

模 态		试验结果[5]	计算结果[5]	本书结果	相对误差
m	n	(f_1)	(f_2)	(f_3)	(f_2-f_3)/f_2
1	3	388	400.6	393.7	1.753%
1	2	421	482.1	488.9	1.391%
1	4	628	633.2	653.9	3.166%
1	1	—	1038.6	1036.4	0.212%

在表5.1中分别列出了试验和计算结果以及本书的计算结果，其中 m 和 n 分别表示这些频率对应的固有模态轴向波数。从表中可以看出，本书的计算结果与文献的计算结果相当一致，并且除了第二阶模态外，计算结果也与实验结果比较一致。从上面的算例分析可以看出，Arnoldi 迭代方法适合于求解流固耦合系统的动力特性问题。

5.1.3 矩形浮冰结构动力特性分析

本书首先研究了固定长宽为 50m×100m、厚度分别为 40cm、50cm、60cm、70cm、80cm、90cm 和 100cm 时冰体在空气中的频率变化与冰下水深为 5m 时各阶自振频率与厚度的关系；其次研究了冰体在水深为 5m 时冰体在水中各阶自振频率与冰体在空气中的各阶频率相比的减小值与厚度的关系；最后研究了冰体在厚度为 70cm 时，浮冰各阶自振频率与水深的关系。

通过介绍冰体在水深为 5m 时冰体在水中与在空气中的前 20 阶自振频率与冰体厚度的关系，探讨了冰体在这两种介质中的频率差别和频率差别与冰体厚度的关系，最后得到了厚度为 70cm 的浮冰在水深为 2～18m 时冰体前 20 阶自振频率与水深的关系，得到如下结论：

（1）在空气中和水中的冰体，其各阶自振频率都随着厚度的增大有显著的增大，且近似服从线性关系。

（2）一定厚度的冰体在空气中和水中的自振频率均随着阶次的升高而增大，且冰体的厚度越大，则自振频率随阶次升高的越快。

（3）冰体在水中的各阶自振频率与其在空气中的各阶自振频率相比，其下降百分率随冰体厚度的增大而减小，说明水体对冰体自振频率的影响随着厚度的增加而变小，并且同一厚度冰体的自振频率的下降百分比随着阶次的升高而略有下降，但下降并不大。

（4）对于本计算模型，当水深小于 8m 时，水深对冰体的前 20 阶自振频率的影响比较大；当水深大于 8m 时随着水深的增加冰体的自振频率变化一般不大于 10%，但却不可忽略。

5.1.4 圆形浮冰结构动力特性分析

为研究圆形浮冰动力特性，现取半径为 25m，厚度分别为 0.4m、0.5m、0.6m、0.7m、0.8m、0.9m、1.0m，水深为 10m 的浮冰，计算其频率和振型。

以圆形浮冰结构为研究对象，研究浮冰自振频率和振型的影响因素：浮冰厚度、流固耦合、水深。为简化计算，在建模时忽略了浮冰侧面的流固耦合。

根据以上的分析，我们基本可以得出圆形浮冰结构厚度对其动力特性影响的规律。现将研究所得结论总结如下：

（1）冰厚度和水深的改变以及流固耦合作用对浮冰各阶振型无影响。

（2）冰厚度增加时，各阶频率会增大，并会表现出一定的线性相关。

（3）浮冰的自振频率较无流固耦合作用时减小，但各阶振型保持不变。无流固耦合作用时求得的各阶振型效果较好，可替换浮冰的振型。并且求得的计算结果有助于对浮冰求得结果进行取舍。

（4）水深增加时，各阶频率会下降，但下降速度会变缓。

本书所得结论是基于薄板小挠度假定取得的，当该假定不成立时，以上结论就需要进行重新论证。

5.1.5　矩形冰盖结构动力特性分析

为研究矩形冰盖结构动力特性，取面积为 $2500m^2$ 的矩形冰盖结构，长、宽都为 50m，其厚度 h 为 60cm、65cm、70cm、75cm、80cm、85cm、90cm、95cm、100cm，冰盖下水体深度 H 为 5m、6m、7m、8m、9m、10m，进行建模分析，冰盖结构位移约束为空间简支。

采用位移-压力自由度方法来处理冰体和水体的耦合作用，对矩形冰盖结构进行了研究，并且对冰盖的约束情况进行了两种情况的简化处理，即固端约束和空间简支约束。最后分别计算分析了不同约束情况和不同厚度的冰盖的动力特性，然后对有无流固耦合作用下的冰盖的自振频率进行了比较。

通过计算与分析可以得到以下主要结论：

（1）流固耦合作用下会使结构的自振频率减小。

（2）无论有无流固耦合的作用，随着冰厚度的增加结构的自振频率都会相应的增加，且基本呈线性关系，并且阶次越高厚度的影响越明显。

（3）随着冰厚的增加，流固耦合作用对冰盖自振频率的影响在减弱。

（4）在四周三向（u_x，u_y，u_z）约束条件下冰盖结构的自振频率较空间简支冰盖的大。

（5）流固耦合作用对冰盖结构自振频率的影响随水深度的增加而增大，当水深较浅时很明显，而当水深较深时影响很弱。

5.1.6　冰盖结构的动力响应分析

（1）冰体结构的响应分析。冰体结构的动力响应分析，令设计破冰器材阵列布置与冰体结构的振型保持一致，并根据相应的振动周期，以及爆破器材的装药量，使爆破引起的水体波动频率与冰体结构自由振动频率同步，从而达到共振破冰的目的。

（2）共振破冰方案设计。本研究设计的破冰方案是共振破冰，其基本原理是利用冰体材料的脆断性，设计随进弹的延时引爆时间，使冰盖结构发生共振，并在波峰和波谷处折断。针对冰盖结构，考虑波峰与波谷之间的相位差为半个周期，则要求在波峰、波谷交替变化中可延时爆破，变化成为波峰或波谷位置上叠加爆破。其破冰思路如图 5.1、图 5.2 所示，共振爆破要依据相位差延时进行，并设计爆破器材的装药量，以期达到最佳的爆破效果。

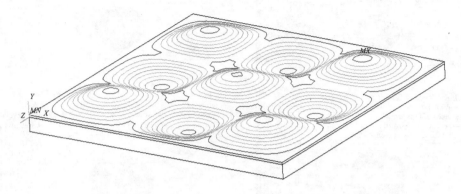

图 5.1 冰盖结构第 9 阶主振型图 （周期 1.44s）

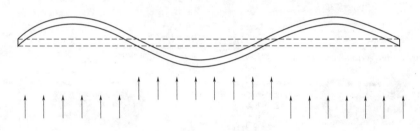

图 5.2 共振破冰示意图 （延时 0.72s）

5.2 爆炸冲击波作用下冰盖结构的动力响应分析

针对冰凌灾害防治中的冰盖结构问题，考虑水下爆破冲击波作用，利用冰体材料抗拉性能差、易折裂的特点，提出了冰盖结构产生动弯曲变形折裂破冰的新研究思路。书中采用水下爆破作用下的动力特征研究，建立冰盖板结构动力分析模型，开展了冰盖板结构的动力响应分析。在破冰实践研究中，开展了爆破试验研究，从而为进一步的理论研究提供了可靠的数据资料。计算图示如图 5.3 所示，示意在一定水深下爆炸效应。

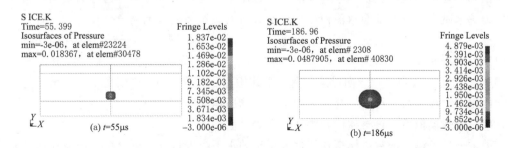

图 5.3（一） 水下爆破过程数值模拟

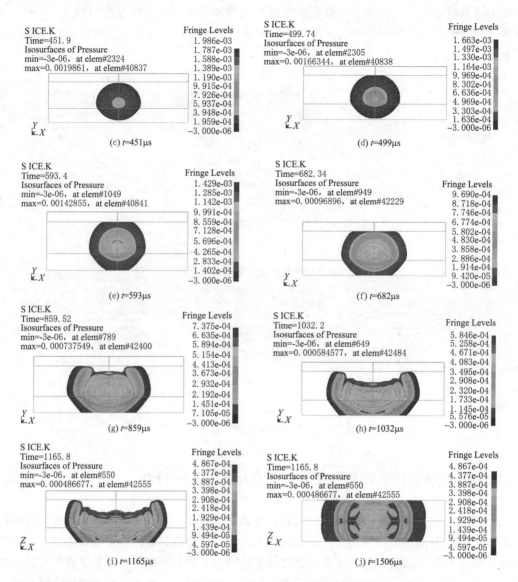

图 5.3（二）　水下爆破过程数值模拟

　　图 5.4 显示出地震波系向外传播的外边缘压力状况，观察可知外边缘为负压，由外到内压力越来越大，由此证明数值模拟情况与分析的波系传播情况完全一致。

　　模型内各点的压力在数值模拟的爆破过程中也可以检测出来，选取炸药中心的单元，提取压力时程曲线图，由图 5.5 显示可知在 $0.1\mu s$ 之内炸药的能量会完全释放出来，在 $0.05\mu s$ 之内达到最高点，继而迅速回落，爆炸中心压力降为 0。该模型可以显示任何一个单元的压力时程曲线，可以由此估算周围建筑物所承受的压力。

　　做完爆炸模拟后，再将冰体材料加入爆炸模型中。

　　通过进行了爆破的数值模拟，依据模拟出的水下爆破过程，可分析冲击波在水底的传播规律，波系前端为负压，波系的压力由中心向外逐渐变少，数值模拟的结果与分析结果

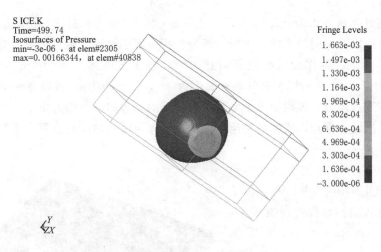

图 5.4　波阵面外缘图

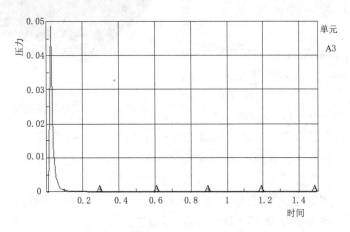

图 5.5　爆炸中心压力时程曲线图

完全一致。另外，通过 LS - DYNA 软件可以绘出任意单元的压力时程曲线，从而精准地描述所选单元在爆破过程中所承受的压力变化，因此在周围重要建筑物的安全分析上可以起至关重要的作用。

5.3　流冰碰撞下桥墩破坏有限元仿真分析研究

5.3.1　流冰撞击桥墩作用仿真实现及结果分析

本书主要采用有限元法对流冰撞击桥墩过程进行数值分析，首先运用大型有限元分析软件 ANSYS 进行前处理，然后采用 ANSYS/LS - DYNA 进行碰撞接触的计算，最后使用 LS - PREPOST 进行后处理。本书旨在研究冬季融冰期或结冰期，河道中流冰随水流运动碰撞桥墩过程中流冰和桥墩的应力和变形情况，为实际工程中桥墩设计和冰凌灾害的防治提供参考。

本书分别对冰速为 0.5m/s、0.7m/s、1.0m/s 和 1.5m/s 时的冰与桥墩正碰、四分之一碰和点面碰撞以及不同厚度的冰进行了模拟分析。限于篇幅，现只选取一类工况进行分析，随后对不同工况的作用效果进行对比分析。该工况流冰尺寸为 4m×5m，冰厚为 0.3m，冰速为 0.5m/s；桥墩为圆柱形，高度为 8m，直径为 1m，桥墩底面全约束，上表面与盖板进行节点耦合；该模型中桥墩只考虑受到的重力和动水压力作用，对于流冰所受的风力和水流推动力等均以流冰的初速度体现；流冰与桥墩的碰撞位置为冰的截面中心位置 Z 方向正面碰撞。

（1）流冰的有限元模型。本书模型中冰采用 SOLID164 8 节点六面体单元，材料选用各向同性弹性断裂模型，流冰尺寸为 4m×5m×0.3m，沿 Z 轴负方向初速度 0.5m/s 运动，流冰的前缘接触位置网格加密，以保证计算更加准确，流冰有限元模型如图 5.6 所示。

图 5.6　流冰有限元模型

（2）桥墩的有限元模型。本书桥墩采用 SOLID164 8 节点六面体单元，材料模型选用 LS - DYNA 材料库中 MAT96（Mat _ Brittle _ Damage），脆性破坏模型，该模型是专门用于模拟钢筋混凝土的材料模型，并且可以真实地模拟混凝土拉压、剪切失效的各种状态，通过添加关键字 * Mat _ Brittle _ Damage 来定义，通过修改关键字来设定材料参数。桥墩的材料参数：质量密度 2500kg/m³，杨氏模量 E＝3.0×10^{10}Pa，泊松比为 0.20，拉伸极限为 3.0×10^6Pa，剪切极限 1.45×10^7Pa，断裂韧度 1.49×10^4kg/m²，黏性参数 0.72×10^6Pa/s，屈服应力 2.9×10^7Pa。

图 5.7　桥墩有限元模型

桥墩墩身高度为 8m，盖板尺寸 5m×5m×0.5m，桥面板与墩身接触面通过节点耦合方法将其等效为简支形式，这样建立的模型更符合实际情况，桥墩有限元模型如图 5.7 所示。

（3）流冰撞击桥墩过程能量分析。流冰撞击桥墩的过程是一个能量交换的瞬态过程，同时也满足能量守恒定律。撞击过程中流冰的动能将转化为以下几种能量：

1）流冰的弹塑性变形能和碰撞结束时流冰的剩余动能。

2）桥墩的弹塑性变形能和动能。

3）结构之间由摩擦引起的热能损失。

4）计算过程中的沙漏能损失。

图 5.8 反映了碰撞过程中的能量变化情况。

流冰的总动能为 675.0J，在 0.07s 时，流冰与桥墩碰撞，此时流冰动能急剧减小，在 0.3s 左右降到最低值，随后有所上升。模型中流冰与桥墩之间有一定间隙，在碰撞前内能为 0，碰撞后内能迅速升高，之后结构的弹性应变能转化为动能，引起内能有所减小，同时动能增加。整个碰撞过程中的大部分能量转化为桥墩的内能和动能，而流冰吸收的能量较小。碰撞过程中的滑移能较小，最大沙漏能为 44.5J，占总能量的 6.6%，

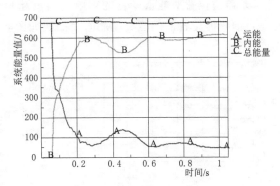

图 5.8   碰撞过程中能量时程曲线

在控制范围 10% 以内，可见，沙漏能得到了有效控制，计算结果是有效的。

（4）不同接触位置对碰撞结果的影响分析。

1）碰撞位置对冰力的影响。当流冰尺寸为 4m×5m×0.3m，流冰速度为 0.5 m/s 时，对流冰与桥墩三种不同碰撞位置工况进行分析，分别得出正碰、四分之一碰撞和点面碰撞三种类型的冰力时程曲线，如图 5.9～图 5.11 所示。

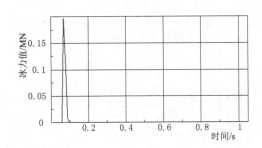

图 5.9   正碰冰力时程曲线

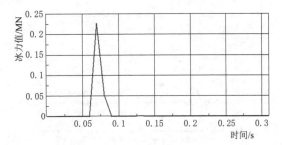

图 5.10   四分之一碰撞冰力时程曲线

由图 5.9～图 5.11 可得，不同碰撞位置的冰力大小是不同的，其中四分之一碰撞的冰力值最大，点面碰撞冰力值最小。流冰的冰力最大值随碰撞位置的变化情况如图 5.12 所示。

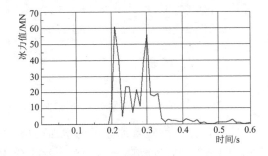

图 5.11   点面碰撞冰力时程曲线

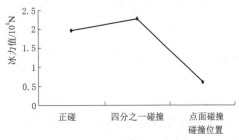

图 5.12   不同碰撞位置的冰力值变化趋势图

2）碰撞位置对能量变化的影响。当流冰尺寸为 4m×5m×0.3m，流冰速度 0.5m/s 时，点面碰撞位置的内能、动能时程曲线如图 5.13、图 5.14 所示。

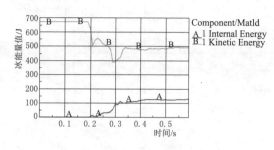

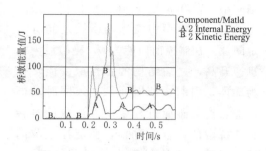

图 5.13 流冰动能、内能变化时程曲线   图 5.14 桥墩动能、内能变化时程曲线

从图 5.13 和图 5.14 中可以看出，点面碰撞中流冰的动能大部分转化为自身的动能，碰撞后桥墩的动能和内能都比较小，与前面正碰过程中冰的动能大部分转化为桥墩的能量有所区别。

（5）流冰速度对冰力的影响分析。当流冰尺寸为 4m×5m×0.3m 时，在流冰与桥墩发生正碰过程中，得出流冰速度为 0.5 m/s、0.7 m/s、1.0 m/s 和 1.5 m/s 时的冰力时程曲线，如图 5.15～图 5.18 所示。

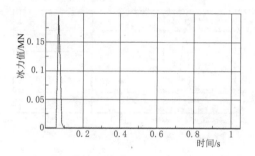

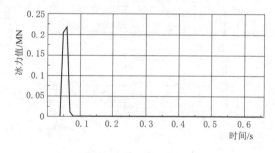

图 5.15 0.5m/s 速度时冰力时程曲线   图 5.16 0.7m/s 速度时冰力时程曲线

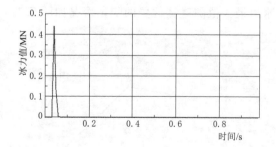

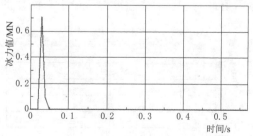

图 5.17 1.0m/s 速度时冰力时程曲线   图 5.18 1.5m/s 速度时冰力时程曲线

速度对于冰的强度和破坏形态影响较大，韧性区，冰强度随着冰速度的增加而增加，由图 5.15～图 5.18 可得，0.5m/s 时最大冰力值为 $1.97×10^5 N$，0.7m/s 时最大冰力值为 $2.18×10^5 N$，1.0m/s 时最大冰力值为 $4.41×10^5 N$，1.5m/s 时最大冰力值为 7.11×

$10^5\mathrm{N}$，绘制冰力随冰速变化趋势如图 5.19 所示。

由图 5.19 冰力值变化情况可见，随着冰速度的增加，冰力值也呈现增加的趋势。

（6）流冰厚度对冰力的影响分析。冰厚是影响冰力值的一个重要因素，冰厚不同，则冰与结构物的接触面积就不同，进而影响冰力大小，故本书对三种不同冰厚情况下冰力值进行了有限元分析研究。

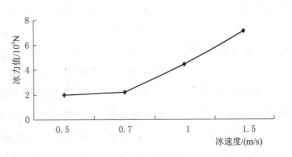

图 5.19　冰力值随冰速度变化趋势

当流冰和水流速度为 1.0m/s 时，在流冰与桥墩发生正碰过程中，流冰尺寸分别为 $4\mathrm{m}\times5\mathrm{m}\times0.3\mathrm{m}$、$4\mathrm{m}\times5\mathrm{m}\times0.2\mathrm{m}$ 和 $4\mathrm{m}\times5\mathrm{m}\times0.1\mathrm{m}$ 时的冰力时程曲线，如图 5.20～图 5.22 所示。

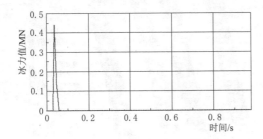

图 5.20　0.3m 厚冰力时程曲线

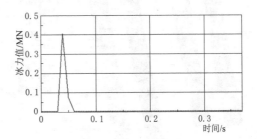

图 5.21　0.2m 厚冰力时程曲线

冰厚为 0.3 m 时，最大冰力值为 $4.41\times10^5\mathrm{N}$，冰厚为 0.2 m 时，最大冰力值为 $4.05\times10^5\mathrm{N}$，冰厚 0.1m 时，最大冰力值为 $2.26\times10^5\mathrm{N}$，根据以上冰力值绘制冰力随流冰厚度变化的趋势图，如图 5.23 所示。

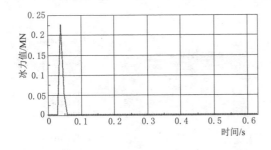

图 5.22　0.1m 厚冰力时程曲线

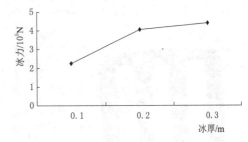

图 5.23　不同冰厚时的冰力变化趋势

由图 5.23 冰力值变化情况可见，随着流冰厚度的增加，冰力值也呈现出逐渐增加的趋势。

5.3.2　研究成果在冰凌灾害防治工作中的应用

冬季河流中大块流冰在运动中会对桥墩产生很大的撞击力，致使桥墩破坏，因此，为防止桥墩在流冰巨大撞击力作用下发生失效或破坏，需要事先对大块流冰进行爆破处理，减小或防止流冰撞击力的破坏作用。如何判断出一个河道中多大尺寸的流冰会对桥墩产生破坏作用,是事先采取流冰灾害防治措施的关键。

当河流水深为 5m,水流速度和流冰运动速度均为 1.5m/s,桥墩为圆柱形,桥墩高度 8m,直径 1m 的情况下,对一定厚度、不同大小的矩形流冰对桥墩的撞击破坏过程进行了分析研究,从中得到致使桥墩破坏的流冰尺寸。

为使分析结果更具普遍应用性,将流冰速度设定为河流最大流速值,碰撞位置设定为破坏力最大的流冰正面碰撞桥墩,主要考虑桥墩的剪切破坏,对计算结果进行分析:

当流冰尺寸为 4m×5m 时,桥墩的最大剪应力云图和第一主应力最大值云图如图 5.24、图 5.25 所示,从图中可以看出,桥墩最大剪应力值为 $1.831×10^7$Pa,大于混凝土的极限剪应力值 $1.45×10^7$Pa,最大主应力值 $3.325×10^7$Pa 超过了混凝土的屈服应力 $2.9×10^7$Pa,故桥墩局部将发生剪切破坏。

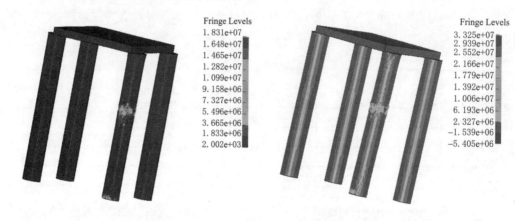

图 5.24　桥墩最大剪应力云图　　　　　图 5.25　桥墩第一主应力最大值云图

当流冰尺寸为 4m×4m 时,桥墩的最大剪应力云图和第一主应力最大值云图如图 5.26、图 5.27 所示,从图中可以看出,桥墩最大剪应力值为 $1.479×10^7$Pa,大于混凝土的极限剪应力值 $1.45×10^7$Pa,故桥墩局部将发生剪切破坏。最大主应力值 $1.444×10^7$Pa,小于混凝土的屈服应力 $2.9×10^7$Pa。

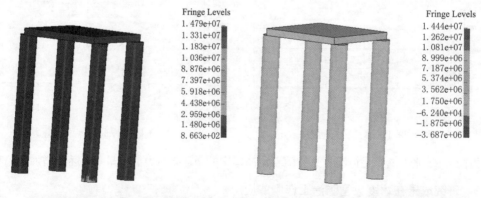

图 5.26　桥墩最大剪应力云图　　　　　图 5.27　桥墩第一主应力最大值云图

当流冰尺寸为 4m×3m 时,桥墩的最大剪切应力云图和第一主应力最大值云图如

图 5.28、图 5.29 所示，从图中可以看出，桥墩最大剪应力值为 $1.254\times10^7\mathrm{Pa}$，小于混凝土的极限剪应力值 $1.45\times10^7\mathrm{Pa}$，故桥墩不会发生剪切破坏。最大主应力值 $1.384\times10^7\mathrm{Pa}$，小于混凝土的屈服应力 $2.9\times10^7\mathrm{Pa}$。

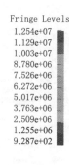

图 5.28　最大剪应力云图　　　　　　图 5.29　第一主应力最大值云图

通过对三种不同尺寸的流冰撞击作用进行比较，该河道中的矩形流冰当尺寸达到 $4\mathrm{m}\times4\mathrm{m}$ 时将致使桥墩局部发生剪切破坏，故可在冰凌防治措施中对尺寸达到或超过 $4\mathrm{m}\times4\mathrm{m}$ 的流冰提前进行爆破，从而避免流冰对桥墩的撞击破坏，给冰凌灾害的防治工作提供了有利的参考和指导，这也是本书研究内容的意义所在，实际当中还要根据不同的河道特征、不同的流冰形状和尺寸、不同的水中建筑物进行分析，这也是今后研究的方向。

5.4　不同工况下冰盖爆破的数值模拟

通过 ANSYS/LS - DYNA 软件建立冰体爆破模型，运用 LS/PREPOST 后处理程序系统分析了不同炸药埋深、不同装药量、不同冰厚等不同工况下冰体破坏的体积或直径。运用 ORIGN 绘图软件对比分析不同冰厚的最佳爆破位置，得出冰层厚度在 20～60cm 时，以水为约束介质的最佳爆破作用系数为 $K=R/H=0.5$～1，冰层下药包接近爆炸的效果明显比冰层内（或冰面）药包爆破的效果好很多。数值模拟结果与现场试验结果表现出较好的一致性，通过模拟不同工况下的爆破参数组建防凌爆破数据库，为设计方研发一系列不同防凌器材提供参考，对今后黄河不同凌灾运用不同的器材具有重要的现实意义。

通过 ANSYS/LS - DYNA 软件建立冰凌爆破数值模型，设定冰厚 10cm、20cm、30cm、40cm、50cm、60cm 等一系列不同地区的冰层，设定 1.2kg、2.4kg、4.8kg 等不同的装药量，设定 −30cm、−20cm、−10cm、0、10cm、20cm、30cm、40cm、50cm、60cm 等不同的炸药埋深，运用 ANSYS/LS - DYNA 和 ORIGN 软件系统地对比计算分析得出一系列爆破参数，并与现场试验进行对比，验证了数值模型结果的可靠准确性，从而为组建冰凌爆破参数数据库奠定了基础，为爆破防凌器材的设计方提供了不同凌灾程度的爆破器材设计参数，以供他们制造一系列的防凌爆破器材，降低了防凌成本，而且破冰效果好，对周围的水工建筑物不会造成损害，具有重要的社会经济意义。

运用 ANSYS/LS-DYNA 和 ORIGN 绘图软件系统地对比计算分析得出一系列爆破参数，观察冰体的爆炸特征，分析随着装药深度与冰厚变化时，最佳爆破点的变化规律，从而为聚能破冰器材延时起爆参数的设计提供理论依据。

5.4.1　模型尺寸

根据计算机的硬件配置计算反应速度，结合实际，通过尝试分析最终决定建立冰凌爆破模型。单元类型选用 ANSYS/LS-DYNA Explicit 3D Solid 164 三维实体单元。冰凌爆破模型由空气、冰、炸药、水四部分组成，总体模型大小为 $1000cm \times 1000cm \times 200cm$。基于爆破模型的对称性，为了计算的快捷，三维空气模型尺寸为 $500cm \times 500cm \times 50cm$，冰体为 $500cm \times 500cm \times Xcm$（$X$ 取值为 $10 \sim 60cm$），水为 $500cm \times 500cm \times 100cm$，炸药为 $Xcm \times Xcm \times Xcm$（$X$ 取值 $10 \sim 20cm$）。

5.4.2　材料参数

冰体爆炸模型中炸药选用高能炸药模型，高能炸药具体参数见表 5.2。

表 5.2　　　　　　　　　　　炸 药 材 料 参 数

名称	RO	D	PCJ	BETA	K	G	SIGY
参数	1.0	0.55	0.15	0.0	0.0	0.0	0.0

5.4.3　冰体材料破碎过程及模拟结果

当炸药在冰体上面、冰体内或冰体下面（水中）发生爆炸后，短时间内会产生很强的爆炸冲击波、气泡，使目标冰体受到一定程度的破坏甚至全部破碎，以下是不同冰厚、不同装药量、不同炸药埋深等不同工况下的具体冰凌爆破数值模拟过程。数值模拟结果对组建冰凌爆破参数数据库起到了很大支撑作用，并对冰凌爆破器材的设计研发奠定了理论基础，对黄河防凌及其他流域防治凌灾有很大的现实意义。

（1）设定冰厚 20cm，装药量 1.2kg、3kg、4.8kg。当冰厚 20cm，装药量分别定为 1.2kg、3kg、4.8kg，装药深度分别设定为 $-20cm$、$-10cm$、0、10cm、20cm、30cm、40cm、50cm、60cm 等不同的炸药埋深（注：药包中心至冰层的距离以冰层下表面为测量零点，"＋、－" 分别表示药包位于测量零点之下或之上），部分冰体的破坏过程及数值模拟结果如图 5.30 所示。

 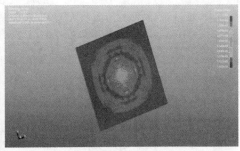

(a) 装药量1.2kg、装药深度-20cm　　　　　(b) 装药量1.2kg、装药深度0cm

图 5.30（一）　不同装药量、不同装药深度（冰厚 20cm）

(c) 装药量3kg、装药深度-20cm
(d) 装药量3kg、装药深度20cm

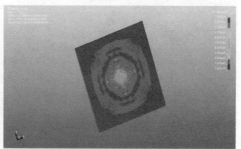

(e) 装药量3kg、装药深度30cm
(f) 装药量4.8kg、装药深度-20cm

(g) 装药量4.8kg、装药深度20cm
(h) 装药量4.8kg、装药深度30cm

图 5.30（二） 不同装药量、不同装药深度（冰厚 20cm）

（2）设定冰厚 30cm，装药量 1.2kg、3kg、4.8kg。当冰厚 30cm，装药量分别定为 1.2kg、3kg、4.8kg，装药深度分别设定为－30cm、－20cm、－10cm、0、10cm、20cm、30cm、40cm、50cm、60cm 等不同的炸药埋深，部分冰体的破坏过程及数值模拟结果如图 5.31 所示。

(a) 装药量1.2kg、装药深度-20cm
(b) 装药量1.2kg、装药深度0cm

图 5.31（一） 不同装药量、不同装药深度（冰厚 30cm）

(c) 装药量3kg、装药深度-20cm　　　　　　　(d) 装药量3kg、装药深度20cm

(e) 装药量3kg、装药深度30cm　　　　　　　(f) 装药量4.8kg、装药深度-20cm

(g) 装药量4.8kg、装药深度20cm　　　　　　　(h) 装药量4.8kg、装药深度30cm

图 5.31（二）　　不同装药量、不同装药深度（冰厚 30cm）

（3）设定冰厚 40cm，装药量 1.2kg、3kg、4.8kg。当冰厚 40cm，装药量分别定为 1.2kg、3kg、4.8kg，装药深度分别设定为-30cm、-20cm、-10cm、0、10cm、20cm、30cm、40cm、50cm、60cm 等不同的炸药埋深，部分冰体的破坏过程及数值模拟结果如图 5.32 所示。

(a) 装药量1.2kg、装药深度-20cm　　　　　　　(b) 装药量1.2kg、装药深度0cm

图 5.32（一）　　不同装药量、不同装药深度（冰厚 40cm）

(c) 装药量3kg、装药深度-20cm

(d) 装药量3kg、装药深度20cm

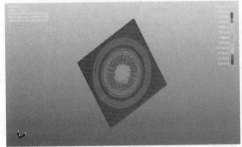

(e) 装药量3kg、装药深度30cm

(f) 装药量4.8kg、装药深度-20cm

(g) 装药量4.8kg、装药深度20cm

(h) 装药量4.8kg、装药深度30cm

图 5.32（二） 不同装药量、不同装药深度（冰厚 40cm）

（4）设定冰厚 50cm，装药量 1.2kg、3kg、4.8kg。当冰厚 50cm，装药量分别定为 1.2kg、3kg、4.8kg，装药深度分别设定为－30cm、－20cm、－10cm、0、10cm、20cm、30cm、40cm、50cm、60cm 等不同的炸药埋深，部分冰体的破坏过程及数值模拟结果如图 5.33 所示。

(a) 装药量1.2kg、装药深度-20cm

(b) 装药量1.2kg、装药深度0cm

图 5.33（一） 不同装药量、不同装药深度（冰厚 50cm）

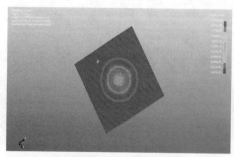

(c) 装药量3kg、装药深度−20cm   (d) 装药量3kg、装药深度20cm

(e) 装药量3kg、装药深度30cm   (f) 装药量4.8kg、装药深度−20cm

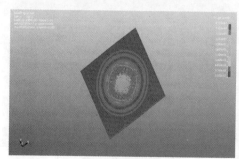

(g) 装药量4.8kg、装药深度20cm   (h) 装药量4.8kg、装药深度30cm

图 5.33（二）　不同装药量、不同装药深度（冰厚 50cm）

（5）设定冰厚 60cm，装药量 1.2kg、3kg、4.8kg。当冰厚 60cm，装药量分别定为 1.2kg、3kg、4.8kg，装药深度分别设定为−30cm、−20cm、−10cm、0、10cm、20cm、30cm、40cm、50cm、60cm 等不同的炸药埋深，部分冰体的破坏过程及数值模拟结果如图 5.34 所示。

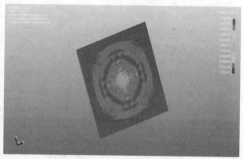

(a) 装药量1.2kg、装药深度−20cm   (b) 装药量1.2kg、装药深度0cm

图 5.34（一）　不同装药量、不同装药深度（冰厚 60cm）

(c) 装药量3kg、装药深度-20cm　　　　　　(d) 装药量3kg、装药深度20cm

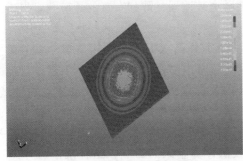 

(e) 装药量3kg、装药深度30cm　　　　　　(f) 装药量4.8kg、装药深度-20cm

(g) 装药量4.8kg、装药深度20cm　　　　　　(h) 装药量4.8kg、装药深度30cm

图 5.34（二）　　不同装药量、不同装药深度（冰厚 60cm）

由以上不同工况下爆炸数值模拟计算结果可得出以下结论：

（1）当装药量分别为 1.2kg、3kg、4.8kg 时，从冰体上表面（冰体和空气交界面）爆炸和冰体下表面（冰水交界面）处发生爆破的效果图可以看出，在破碎区和未破碎区有一个不太明显的过渡区，过渡区的冰体有径向与环向裂纹。

（2）整体对比分析冰体爆炸效果图可以得出：药包在水下爆炸的效果明显比在冰体上（下）表面的爆炸效果好很多，且在水下爆破存在一个最佳爆破位置（固定相同的装药量、冰厚，爆破效果明显比其他位置好）。

（3）不同冰厚的最大爆破直径在一定范围内随装药量的增加而变大，但不呈线性关系递增；随着冰层厚度的变化或者装药量的变化，药包的最佳爆破位置基本是固定在冰层以下 0.2～0.3m。

以上结果和现场试验实测数据基本吻合，形态相似。可见计算模型、理论及程序比较可靠。

5.5 冰凌水下爆破的阵列优化

水下爆炸是一个非常复杂的能量转换的物理化学过程，也是一个大变形的过程，其巨大的破坏力应用于冰凌灾害防御的冰凌爆破非常有意义。现场试验表明，TNT 炸药水下爆炸对于冰体的破坏足以达到防灾减灾的目的。

对组合 TNT 炸药进行了整个水下爆炸过程的数值模拟研究，对冰凌爆破领域内的爆破阵列进行了一定程度上的优化，从而为聚能随进破冰器材阵列布置的爆破技术提供理论指导。

应用 ANSYS/LS-DYNA 软件建立组合 TNT 炸药水下爆炸计算模型，数值模拟结果中的冲击波压力峰值时程曲线与经验公式计算值基本吻合，对于整个水下爆炸过程的数值模拟结果与现场试验的结果基本吻合。结合内蒙古包头市磴口河段冰凌爆破现场试验，探讨了有效爆破范围，破冰区域的直径与装药量、装药深度之间的关系；结合整个建模过程以及数值计算结果，探讨了材料模型选择，网格划分，边界条件，流固耦合算法以及模型算法对冲击波峰值压力、有效爆破范围等数值计算结果的影响；结合水下爆炸理论分析，探讨了库尔经验公式以及其他水下爆炸理论公式对于水下爆炸荷载计算的影响，进一步对整个模型的影响；结合组合 TNT 炸药水下爆炸数值模型，探讨了冰凌阵列爆破的可行性，并在理论和数值计算指导的基础上优化爆破参数，达到效果有效、成本合理的目的，从而为阵列爆破的聚能随进破冰器材的研发提供依据。

（1）布点示意（图 5.35）。

（2）冰体材料破碎过程。组合炸药在冰下处发生爆炸以后，产生冲击波、气泡，使目标冰体受到一定程度的破坏，冲击波的破坏起到了决定性作用，所以该无限水域近水爆炸模型模拟了整个过程，清晰地显示了冰体材料在水下非接触爆炸荷载作用下的破坏过程，如图 5.36 所示。

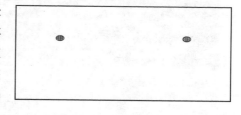

图 5.35　炸点位置示意图

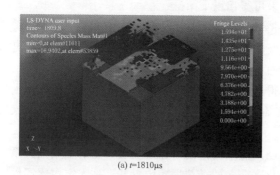

(a) $t=1810\mu s$　　　　(b) $t=1820\mu s$

图 5.36 （一）　冰体材料破坏过程

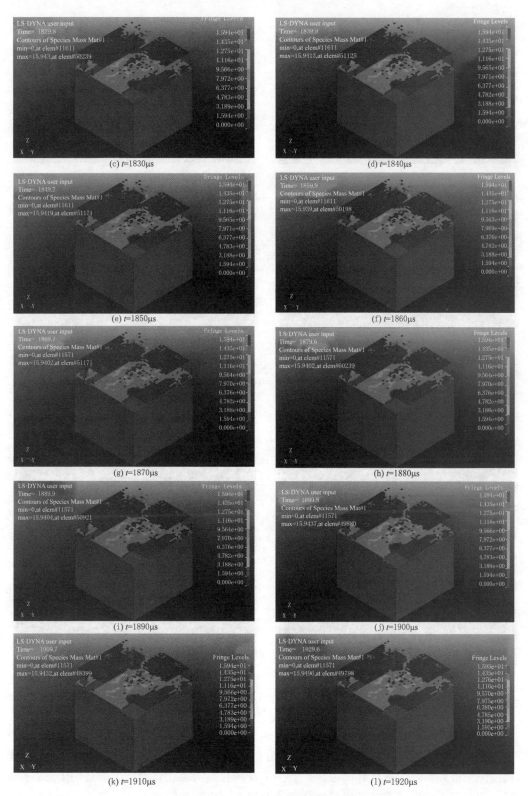

图 5.36（二） 冰体材料破坏过程

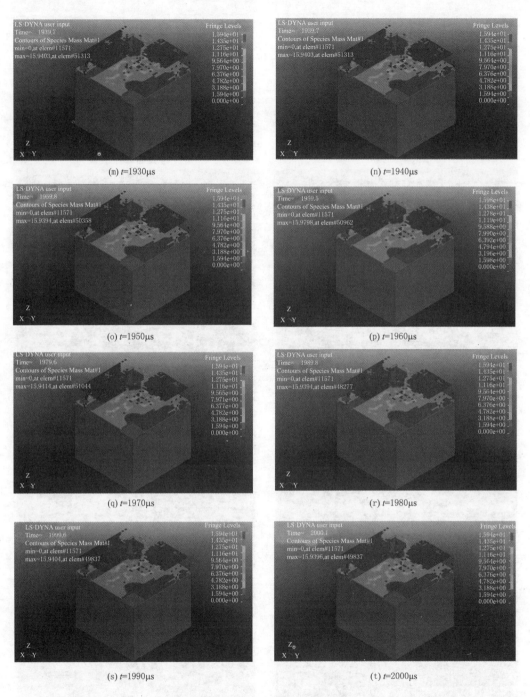

(m) $t=1930\mu s$ 　　　　(n) $t=1940\mu s$

(o) $t=1950\mu s$ 　　　　(p) $t=1960\mu s$

(q) $t=1970\mu s$ 　　　　(r) $t=1980\mu s$

(s) $t=1990\mu s$ 　　　　(t) $t=2000\mu s$

图 5.36（三）　冰体材料破坏过程

计算结果可知，冰体迎爆面受压，背爆面受拉，整体表现为折裂破坏。由图 5.36 可知，组合 TNT 爆破荷载加载于冰体材料以后，冰体材料表现出脆性特征，整个冰体在炸点周围完全被炸碎，未被炸碎的冰体也产生了径向及环向裂纹，组合爆破适用于开辟排凌河道，两个炸点所形成的破碎区域连接在一起形成一定宽度的河道，并且以每组为单位进

图 5.37 组合冰凌爆破试验现场

行爆破可以继续拓宽排凌河道，对冰体的破坏进行数值模拟，得到了与试验基本吻合的结果。

（3）试验对比分析。

组合冰凌爆破试验现场如图 5.37 所示。

试验采用 1kgTNT 炸药作为聚能随进器材组合装药爆炸，在相同冰体、水体、水温条件下进行实验。单发聚能随进器材爆破及组合爆破示意图如图 5.38 所示。

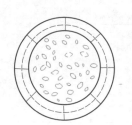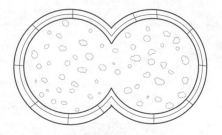

图 5.38 单发聚能随进器材爆破及组合爆破示意图

组合聚能随进器材爆破后冰体破碎效果如图 5.39 所示。

计算与试验表明：1kg 炸药爆炸试验时，爆破后冰体破碎区域直径在 2m 左右，而 2 发组合聚能随进器材爆破后冰体破碎区域每个直径约为 2.3m，这说明 2 个炸点的炸药同时起爆，冰体整体破碎区域的面积是单发聚能随进器材爆破后冰体破碎区域面积的 2.5 倍多。因此组合聚能随进器材爆破效果要优于单发聚能随进器材逐个爆破，开辟排凌河道需采用阵列布设才能达到节约能耗的目的。

图 5.39 组合聚能随进器材爆破后冰体破碎效果

5.6 不同撞击工况下弧形闸门的响应比较

5.6.1 不同荷载条件冰力值比较

为了找出不同尺寸的冰体对冰体碰撞过程的影响，本书对相同厚度、不同尺寸的冰体在同一位置对弧形闸门进行冰力值的比较，如图 5.40、图 5.41 所示。表 5.3 列出的是 50cm 厚冰体在 0.5～2m 的尺寸，以相同速度 2m/s 对弧形闸门 D 号纵梁和 7 号横梁的交点位置进行冲击。

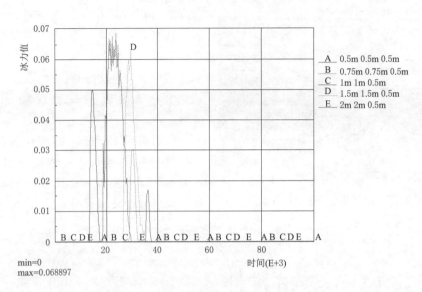

图 5.40　50cm 冰体不同尺寸冰力值比较

表 5.3　　　　　　　　　　　　　　**50cm 冰体冰力值比较**

冰体尺寸/m	碰撞持续时长/ms	冰力峰值/MN	冲量/（N・s）
0.5	2	0.17	218
0.75	3.5	0.304	614.4
1	3.6	0.501	1153.3
1.5	9.2	0.633	2679
2	11.2	0.689	4748.4

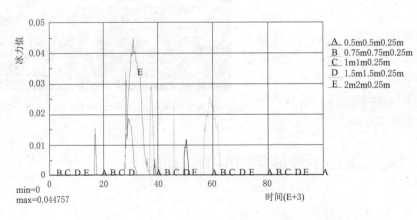

图 5.41　25cm 冰体不同尺寸冰力值比较

　　25cm 厚度冰体相同条件下对弧形闸门冲击时程，由图 5.41 不难发现，在 0.5m、1m 以及 1.5m 尺寸下，冰体均发生了两次碰撞。这是 25cm 厚度冰体冲击过程中表现出来的特点。在冰体与弧门面板接触的过程中，冰体上侧近弧门棱边发生侵蚀失效，进行第一次碰撞。失效单元被删除后，冰体剩余单元继续保持在一定速度再进行碰撞。具体速度随时间变化过程如图 5.42 所示。具体冰力数值见表 5.4。

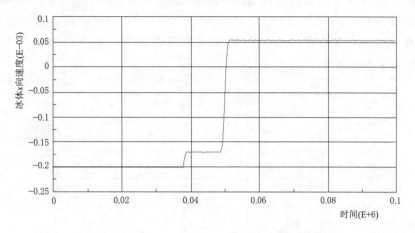

图 5.42 0.5m×0.5m×0.25m 冰体速度时程

表 5.4   **25cm 冰体冰力值比较**

冰体尺寸/m	碰撞持续时长/ms	冰力峰值/MN	是否由两次碰撞过程
0.5	0.4、2	0.115	是
0.75	2.4	0.293	否
1	0.6、4.4	0.185	是
1.5	1.2、7.2	0.261	是
2	8.8	0.448	否

综上可以得到，不同尺寸两个厚度条件下的冰体冰力值曲线，如图 5.43 所示。因此，冰力值大小随冰体尺寸的增大而增大，对于 1m 以内的冰体冰力值随尺寸增长率较 1m 以上的冰体要大一些。此外，冰力值大小亦随冰体厚度的增加而增大。

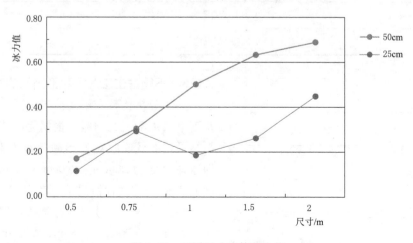

图 5.43 不同尺寸冰体冰力值

5.6.2　不同速度流冰冰力值分析

流冰的速度对冰体冲击过程中冰撞力大小也有所影响。本文以 1m×1m×0.5m 尺寸冰体，分别以 1m/s、1.25m/s、1.5m/s、1.75m/s、2m/s 的速度对弧形闸门进行碰撞，碰撞位置如前文所示在 D 号纵梁与 7 号横梁交点所在的面板。冰力值如图 5.44 所示。

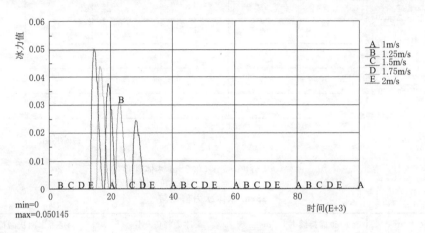

图 5.44　不同速度条件冰力值比较

由图 5.44 知，冰体冰力值与速度呈正相关。速度越大，冰力值越大。并且不同的速度下冰体碰撞时长均为 3.6～3.8ms，具体冰力数值见表 5.5。故在其他条件不变的情况下，冰撞持续时间与速度无关。如图 5.45 所示，冰力值与速度值接近线性相关。

表 5.5　　　　　　　　　　不同速度下冰体冰力值比较

冰体速度 /（m/s）	碰撞持续时长 /ms	冰力峰值 /MN	冰体速度 /（m/s）	碰撞持续时长 /ms	冰力峰值 /MN
1	3.8	0.247	1.75	3.8	0.439
1.25	3.8	0.311	2	3.6	0.501
1.5	3.8	0.377			

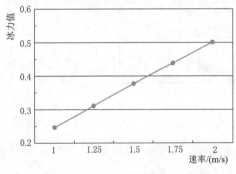

图 5.45　不同速率冰体冰力值

5.6.3　不同撞击工况下弧形闸门的响应比较

为了分析比较在不同撞击位置、不同撞击角度下弧形闸门的响应，根据前两节的计算分析结果，本书选取对弧形闸门最不利的情况，即冰体尺寸为 200cm×200cm×50cm，流冰速度为 2m/s。在此种情况下，考虑淹没水位在 2 号、5 号、7 号、9 号、11 号横梁，即淹没水深为 8.11m、5.33m、3.89m、2.54m、1.34m，并考虑撞击方向（撞击方向与面板水平向夹角）为 10°、30°、50°、70°、90°，闸门开度为 0 的 25 种工况，以及淹没水位在 7 号横梁，即淹没水深为 3.88m，撞击角度为 90°，分别撞击 D 号～A 号纵梁以及连续梁的跨中位置，闸门开度为 0 的 7 种工况。总共计算了 32 种工况。表 5.6 给出了弧形闸门撞击模拟工况表。

表 5.6　　　　　　　　　撞 击 模 拟 工 况 表

工况	角度/(°)	撞击位置	淹没水深/m
工况 1		撞击位置 01	8.11
工况 2		撞击位置 02	5.33
工况 3	10	撞击位置 03	3.89
工况 4		撞击位置 04	2.54
工况 5		撞击位置 05	1.34
工况 6		撞击位置 01	8.11
工况 7		撞击位置 02	5.33
工况 8	30	撞击位置 03	3.89
工况 9		撞击位置 04	2.54
工况 10		撞击位置 05	1.34
工况 11		撞击位置 01	8.11
工况 12		撞击位置 02	5.33
工况 13	50	撞击位置 03	3.89
工况 14		撞击位置 04	2.54
工况 15		撞击位置 05	1.34
工况 16		撞击位置 01	8.11
工况 17		撞击位置 02	5.33
工况 18	70	撞击位置 03	3.89
工况 19		撞击位置 04	2.54
工况 20		撞击位置 05	1.34
工况 21		撞击位置 01	8.11
工况 22		撞击位置 02	5.33
工况 23	90	撞击位置 03	3.89
工况 24		撞击位置 04	2.54
工况 25		撞击位置 05	1.34

续表

工况	角度/（°）	撞击位置	淹没水深/m
工况 26		D 号纵梁	
工况 27		D 号、C 号纵梁间，7 号横梁跨中处	
工况 28		C 号纵梁	
工况 29	90	C 号、B 号纵梁间，7 号横梁跨中处	3.89
工况 30		B 号纵梁	
工况 31		B 号、A 号纵梁间，7 号横梁跨中处	
工况 32		A 号纵梁	

注　表中角度指撞击方向与面板水平向夹角。

5.6.4　撞击位置在高度上变化

图 5.46～图 5.55 给出了不同撞击角度方向和撞击位置时弧形闸门面板撞击点的总位移和总应力图。

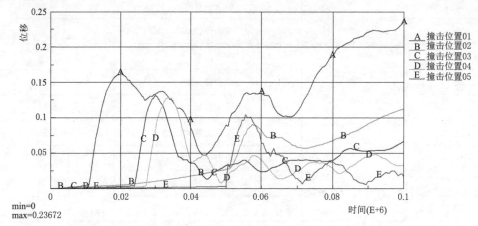

图 5.46　撞击角度 10°、不同撞击位置时撞击点的总位移比较

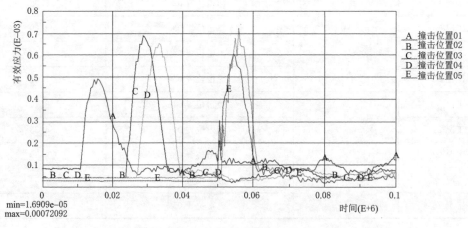

图 5.47　撞击角度 10°、不同撞击位置时撞击点的等效应力比较

上述工况下，撞击瞬间撞击点位移的峰值按照撞击位置 01～05 的顺序，依次为 0.163cm、0.0907cm、0.132cm、0.128cm、0.105cm，到达峰值的时刻分别为 20ms、57.5ms、30ms、34ms、55.5ms；撞击瞬间撞击点有效应力的峰值按照同一顺序，依次是 49.1MPa、72.1MPa、68.8MPa、65.4MPa、60.4MPa，到达峰值的时刻分别为 16ms、56ms、29ms、33.5ms、54.5ms。对于小角度碰撞，力的曲线规律明显；按照大小进行比较，在撞击位置 01 上升至撞击位置 02，之后在撞击位置 03、04、05 缓慢下降。位移的曲线规律也基本符合有效应力最小的撞击位置 01 位移状态数值最大，且振荡幅度最大，振动周期最长。且对于支臂系统范围内的碰撞点 02～05，位移峰值在 0.0907～0.132cm 范围内，但基本满足碰撞位置 03 的位移峰值局部最大规律。

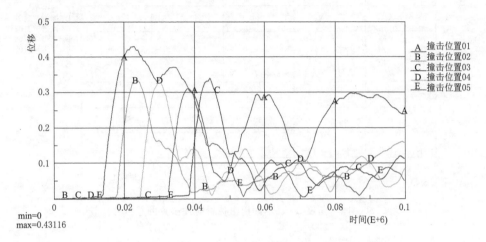

图 5.48　撞击角度 30°、不同撞击位置时撞击点的总位移比较

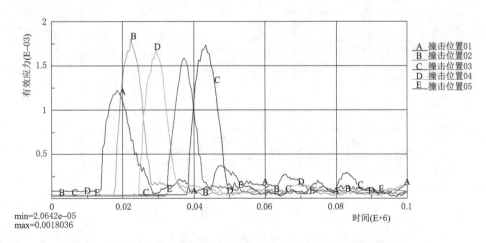

图 5.49　撞击角度 30°、不同撞击位置时撞击点的等效应力比较

上述工况下，撞击瞬间撞击点位移的峰值按照撞击位置 01～05 的顺序，依次为 0.431cm、0.339cm、0.341cm、0.334cm、0.311cm，到达峰值的时刻分别为 23ms、23.5ms、44.5ms、30ms、38.5ms；撞击瞬间撞击点有效应力的峰值按照同一顺序，依次

是 122MPa、180MPa、174MPa、169MPa、159MPa，到达峰值的时刻分别为 18.5ms、22.5ms、43.5ms、29.5ms、37.5ms。对于撞击角度 30°，有效应力的曲线规律为撞击位置 01 上升至撞击位置 02，撞击位置 02 与撞击位置 03 基本持平，之后在撞击位置 04～05 缓慢下降。较撞击角度 10°，撞击位置 02 突起，原因可能为 05 号主梁刚度过大，应力有所集中。位移的曲线规律也基本符合，有效应力最小的撞击位置 01 位移状态数值最大，且振荡幅度最大，振动周期最长。且对与支臂系统范围内的碰撞点 02～05，位移峰值在 0.311～0.341cm，仍满足碰撞位置 03 的位移峰值为局部最大。

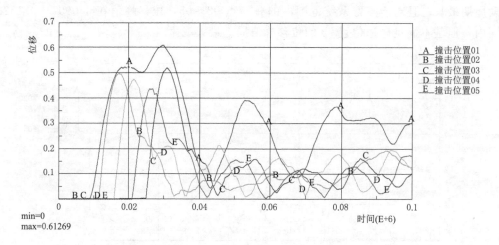

图 5.50　撞击角度 50°、不同撞击位置时撞击点的总位移比较

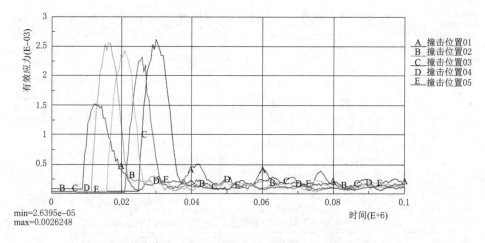

图 5.51　撞击角度 50°、不同撞击位置时撞击点的等效应力比较

上述工况下，撞击瞬间撞击点位移的峰值按照撞击位置 01～05 的顺序，依次为 0.610cm、0.499cm、0.524cm、0.478cm、0.437cm，到达峰值的时刻分别为 20ms、17ms、31ms、21.5ms、26.5ms；撞击瞬间撞击点有效应力的峰值按照同一顺序，依次是 153MPa、257MPa、262MPa、243MPa、233MPa，到达峰值的时刻分别为 12.5ms、16.5ms、30ms、21ms、26ms。

对于撞击角度 50°，有效应力的曲线规律为撞击位置 01 上升至撞击位置 03，随后在撞击位置 04～05 逐渐下降。与撞击角度 10°工况规律保持一致。位移的曲线规律仍然基本符合有效应力最小的撞击位置 01 位移状态数值最大，且振荡幅度最大，振动周期最长。位移峰值到达时刻较 10°、30°工况明显变化，前两个工况在首次到达位移极大值后，响应呈现衰减特征；而 50°工况在首次到达位移极大值 0.527cm 后，响应呈现发散特征，使得第二次位移极大值 0.610cm 成为位移峰值。对于支臂系统范围内的碰撞位置 02～05，位移峰值在 0.437～0.524cm 内，呈现先增大后减小的特征，碰撞位置 03 为极大值。

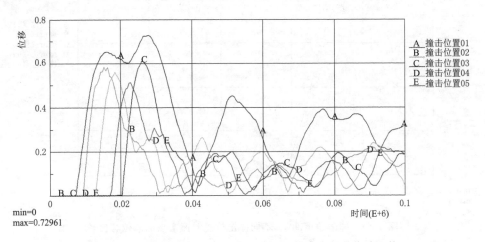

图 5.52 撞击角度 70°、不同撞击位置时撞击点的总位移比较

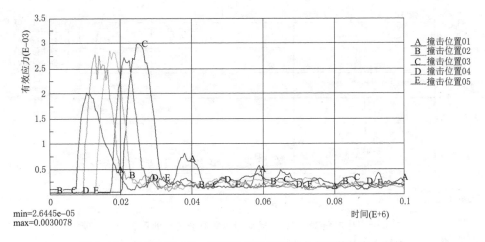

图 5.53 撞击角度 70°、不同撞击位置时撞击点的等效应力比较

上述工况下，撞击瞬间撞击点位移的峰值按照撞击位置 01～05 的顺序，依次为 0.654/0.730cm、0.586cm、0.611cm、0.561cm、0.514cm，到达峰值的时刻分别为 16.5ms、15.5ms、26.5ms、18.5ms、23ms；撞击瞬间撞击点有效应力的峰值按照同一顺序，依次是 202MPa、279MPa、301MPa、285MPa、272MPa，到达峰值的时刻分别为 10.5ms、13ms、25ms、17ms、21ms。

对于撞击角度 70°，有效应力的曲线规律为自撞击位置 01 至撞击位置 05，先增大后减小，撞击位置 03 为极值。与撞击角度 10°、50°工况规律保持一致。位移的曲线规律仍然基本符合有效应力最小的撞击位置 01 位移状态数值最大，且振荡幅度最大，振动周期最长。位移峰值到达规律与 50°工况保持一致，即位移峰值到达时刻为第二次位移极值时刻。对于支臂系统范围内的碰撞位置 02~05，位移峰值在 0.514~0.611cm 内，呈现先增大后减少的特征，碰撞位置 03 为极大值。

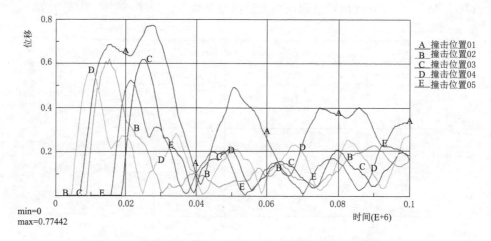

图 5.54 撞击角度 90°、不同撞击位置时撞击点的总位移比较

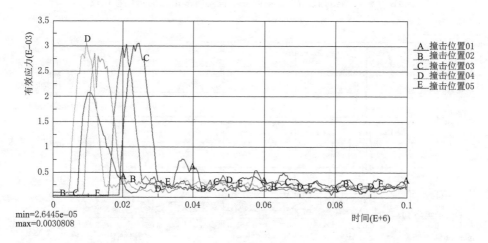

图 5.55 撞击角度 90°、不同撞击位置时撞击点的等效应力比较

上述工况下，撞击瞬间撞击点位移的峰值按照撞击位置 01~05 的顺序，依次为 0.690/0.774cm、0.623cm、0.619cm、0.575cm、0.526cm，到达峰值或极值的时刻分别为 16/28ms、15.5ms、25.5ms、10ms、21.5ms；撞击瞬间撞击点有效应力的峰值按照同一顺序，依次是 208MPa、287MPa、307MPa、308MPa、304MPa，到达峰值的时刻分别为 10ms、12ms、24.5ms、9.5ms、21ms。

对于撞击角度 90°，有效应力的曲线规律为撞击位置 01 上升至撞击位置 03，随后在撞击位置 04、05 基本持平。与撞击角度 10°、30°、50°、70°工况规律明显变化。原因可能为撞击位置为 D 号纵梁与各个横梁的交点处，在撞击角度 90°的工况下，在碰撞位置 03～05 正面冲击会发生应力集中现象。

位移的曲线规律仍然基本符合有效应力最小的撞击位置 01 位移峰值最大，且振荡幅度最大，振动周期最长。其位移峰值到达规律与 50°、70°工况保持一致。

对于支臂系统范围内的碰撞位置 02～05，位移峰值在 0.526～0.623cm 内，呈现逐渐减小的特征，碰撞位置 02 为极大值。碰撞位置 03 与碰撞位置 02 的位移峰值基本持平。

综上 5 种情况，在同一荷载条件和同一撞击角度的作用下，随着弧形闸门撞击位置的不同，会产生出明显不同的动态响应。

在碰撞位置 01（2 号主梁与 D 号纵梁的交接处），在撞击瞬间撞击点的位移和等效应力值迅速增大。较其他四个位置，其有效应力最小，但位移峰值最大，振荡幅度和振动周期也最大。在撞击角度为 90°时，碰撞位置 01 的位移最大，为 0.774cm；其等效应力也最大，为 208MPa。10°、30°工况下，位移峰值到达时刻在首次到达位移极大值，随后响应呈现衰减特征；而 50°、70°、90°工况在首次到达位移极大值后，响应呈现发散特征，位移峰值到达时刻在第二次位移极大值。

在碰撞位置 02～05（5 号、7 号、9 号、11 号主梁与 D 号纵梁的交接处），在撞击瞬间撞击点的位移和等效应力也快速增大。考虑此四个位置为支臂系统直接作用的位置以内，其等效应力与应力峰值，在碰撞位置 02 至碰撞位置 05 范围内，先增大后减小，撞击位置 03 为极大值。撞击角度 10°、50°、70°工况均呈现此规律。故在水压力和冰体冲击荷载作用下，弧形闸门支臂系统直接作用范围内，闸门的迎水面最前端（碰撞位置 07）表现为最不利的应力和变形状态。

对于整个弧形闸门的面板和梁系，在同一荷载条件和同一撞击角度作用下，从碰撞位置 01 至碰撞位置 05，有效应力先增大后减小，碰撞位置 03 为极大值。位移峰值在碰撞位置 01，碰撞位置 03 次之。故在水压力和冰体冲击荷载的作用下，弧形闸门的迎水面最前端（碰撞位置 03）表现为最不利的应力状态；闸门面板支臂系统直接作用范围外的面板自由部份（碰撞位置 01）和弧形闸门的迎水面最前端（碰撞位置 03）表现为不利的变形状态。

5.6.5 撞击位置在水平方向上变化

图 5.56～图 5.61 给出了同一撞击角度 90°、同一撞击高度和同样的荷载条件，不同的水平位置下，弧形闸门面板撞击位置的总位移和总应力图。

图 5.56～图 5.61 中，图例 "D""D.5""C""C.5""B""B.5""A" 分别指 D 号纵梁，7 号横梁与 C 号、D 号纵梁跨中，C 号纵梁，7 号横梁与 B 号、C 号纵梁跨中，B 号纵梁，7 号横梁与 A 号、B 号纵梁跨中，A 号纵梁。关于选取 7 号横梁与各纵梁的交点及跨中点的意义，作出说明；根据《水利水电工程钢闸门设计规范》（SL 74—2013）附录 GG1.0.1 中表 G1、G2、G3 中讨论了闸门面板上每一个梁框架所涉及的矩形弹性薄板受均布荷载的弯应力系数，使用的验算点便是横梁与各纵梁的跨中点。

由图 5.56～图 5.61 可知，在相同的荷载条件、相同的碰撞角度和相同的撞击位置（撞击位置 03）条件下，撞击水平方向不同的纵梁所产生的动态响应不尽相同。

随着撞击位置由 D 号纵梁向闸门边缘处移动，闸门面板撞击位置的位移峰值响应和碰撞瞬间的有效应力峰值逐渐变大。由图可知，碰撞 D 号、C 号、B 号、A 号纵梁的位移峰值分别为 0.619cm、0.617cm、0.702cm、1.17cm，到达的时刻为 25ms、24.5ms、24.5ms、30.5ms。碰撞瞬间碰撞 D 号、C 号、B 号、A 号纵梁的有效应力峰值分别为 305MPa、314MPa、330MPa、270MPa，到达的时刻为 24ms、23.5ms、23.5ms、22.5/35ms。

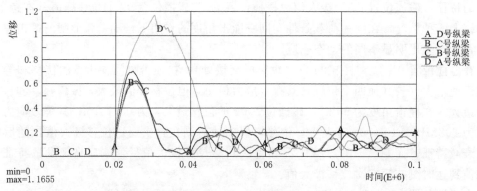

图 5.56 撞击角度 90°、相同撞击高度、撞击不同纵梁时撞击点的总位移比较

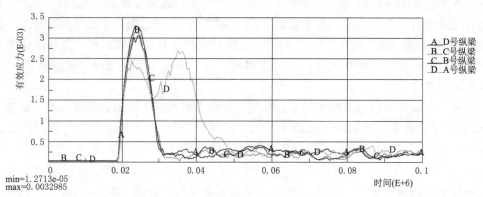

图 5.57 撞击角度 90°、相同撞击高度、撞击不同纵梁时撞击点的有效应力比较

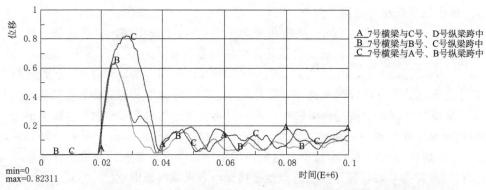

图 5.58 撞击角度 90°、相同撞击高度、7 号横梁水平向跨中撞击点的总位移比较

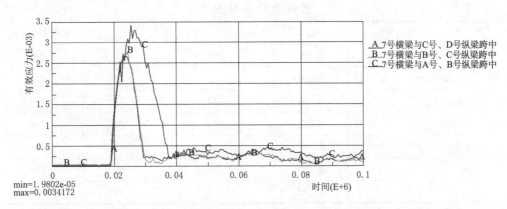

图 5.59 撞击角度 90°、相同撞击高度、7 号横梁水平向跨中撞击点的有效应力比较

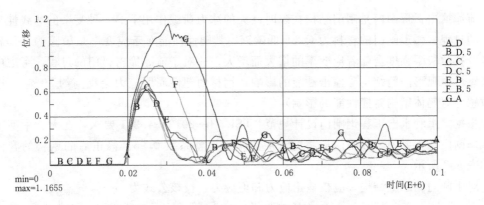

图 5.60 撞击角度 90°、相同撞击高度、水平方向不同撞击点的总位移比较

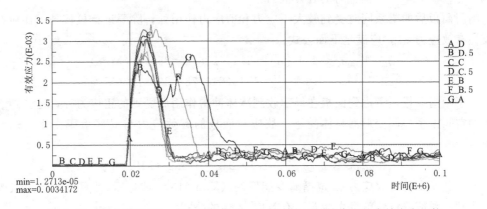

图 5.61 撞击角度 90°、相同撞击高度、水平方向不同撞击点的有效应力比较

5.6.6 弧形闸门容许应力

根据相关规范要求，首先要计算出钢材的容许应力，才能将流冰冲击荷载下弧形闸门的应力与容许应力进行比较，进行强度校核。内蒙古磴口县的三盛公水利枢纽拦河闸的材料为 Q235 钢，其容许应力见表 5.7。

表 5.7　　　　　　　　　　　　　　弧 形 闸 门 容 许 应 力

部　位	钢材厚度/mm	组别	抗拉、抗压、抗弯 $[\sigma]$	剪力 $[\tau]$	局部承压 $[\sigma_{cd}]$
面板（门页）	12	第一组	160	95	240
2 号，9 号主横梁	22	第二组	150	90	230
次横梁	12	第一组	160	95	240
A 号，G 号主综梁	22	第二组	150	90	230
次纵梁	12	第一组	160	95	240
大臂	22	第二组	150	90	230
支杆	5，9	第一组	160	95	240

注　1. 大臂及支杆为型钢。
　　2. 局部承压为构件腹板的小部分表面受局部荷载的挤压或者端面承压（磨平顶紧）等情况。

流冰撞击弧形闸门是闸门结构在瞬时巨大的冰力荷载作用下的一种复杂的非线性动态响应的过程。弧形闸门的材料为 Q235 低碳钢，其塑性性能对于应变率是敏感的，其屈服强度及抗拉极限强度会随着应变率的增大而增大。故对于流冰撞击弧门的过程，考虑应变率敏感性对弧形闸门结构受撞击性能的影响，钢材的塑性屈服应力会提高约 50%。（应变率敏感性对船体结构碰撞性能的影响）

根据《水利水电工程钢闸门设计规范》（SL 74—2013）4.2.1 要求，在大、中型工程的工作闸门及重要的事故闸门应将容许应力乘上调整系数 0.95。修正后的钢材的容许应力如表 5.7 所示。

对于闸门的承重结构，应校核正应力和剪应力，校核公式为

$$\sigma < [\sigma]',\ \tau < [\tau]'$$

式中　$[\sigma]'$、$[\tau]'$——调整后的容许应力。

闸门面板后的梁系同时受到较大正应力和剪应力作用处，除要进行校核外，还应在此处校核有效应力 σ_{eff}，应满足下面公式：

第一组　$\sigma_{eff} \leqslant 1.1\,[\sigma]' = 1.1 \times 228.0 = 250.8$（MPa）

第二组　$\sigma_{eff} \leqslant 1.1\,[\sigma]' = 1.1 \times 213.75 = 235.13$（MPa）

对于闸门面板，考虑到面板在局部收到冰体冲击作用而受到的正应力外，还会随着背水面的空间梁系协调变形而整体受弯，故应对面板的有效应力与局部承压作用 $[\sigma_{cd}]$ 进行校核。

$$\sigma_{eff} \leqslant 1.1\,[\sigma_{cd}]' = 1.1 \times 342 = 376.2\ (\text{MPa})$$

上述公式中的有效应力 σ_{eff} 遵循畸变能理论（Von Mises 理论），即只要满足形状改变比能达到极限值，材料就发生屈服。有效应力 σ_{eff} 的公式为

$$\sigma_{eff} = \sqrt{\frac{1}{2}\left[(\sigma_1 - \sigma_2)^2 + (\sigma_2 - \sigma_3)^2 + (\sigma_1 - \sigma_3)^2\right]}$$

$$= \sqrt{\frac{1}{2}\left[(\sigma_x - \sigma_y)^2 + (\sigma_y - \sigma_z)^2 + (\sigma_x - \sigma_z)^2 + 6\left(\tau_{xy}^2 + \tau_{yz}^2 + \tau_{zz}^2\right)\right]}$$

表 5.8 第一组钢材的容许应力

单位：MPa

应力种类	调整前	调整后
抗拉、抗压、抗弯 $[\sigma]$	160	228.00
剪力 $[\tau]$	95	135.38
局部承压 $[\sigma_{cd}]$	240	342.00

表 5.9 第二组钢材的容许应力

单位：MPa

应力种类	调整前	调整后
抗拉、抗压、抗弯 $[\sigma]$	150	213.75
剪力 $[\tau]$	90	128.25
局部承压 $[\sigma_{cd}]$	230	327.75

5.6.7 梁系的应力分析

冰体碰撞位置主要分布在闸门门页及门页后的框架梁系统上，撞击点与横梁、纵梁交点部位的应力相对较大，因此，我们主要研究这些部位的应力情况。根据该弧形闸门的概况，横梁和纵梁均已简化为腹板，腹板的主要作用为抗弯和抗剪。横梁和纵梁的命名方式如前文所述。

根据第 4 章的结论，在水压力和冰体冲击荷载的作用下，即冰体尺寸为 200cm×200cm×50cm、流冰速度为 2m/s、撞击角度 90°的条件下，弧形闸门的迎水面最前端（碰撞位置 03）表现为最不利的应力状态。对于横梁及纵梁，主横梁（5 号横梁）的典型截面关键点位置图如图 5.62 所示，其余横梁的关键点位置均参考此情况，为该情况的环向与径向映射。具体节点编号分别为 88067、112742、112748、112754、111269、111275、103792、113737、113743、113750；88077、112776、112770、112764、111256、111250、113721、113714、113708、113701。不妨依次命名为 1～20 号关键点。观察图 5.62 易知，关键点分布在梁腹板的上下边线上，单元的尺寸大小为 10cm，故这些关键点相邻平均间距为 70cm 或 60cm。D 号纵梁的典型截面关键点位置图亦如图 5.63 所示，其余纵梁的关键点位置均参考此情况。具体节点或单元编号分别为 88027、88025、88033、88124、88040、88114、S72759、S72794、88051、88099、S72668、S72721、88060、88085、88063、88081、88067、88077、89970、89963、89973、89954、89976、89950、89979、89941、89983、89937、89987、89928、89990、S73177、89993、90053、S73047、S73090、90000、90041、90003、S73004、90006、90029、90009、S72923、90012、90022、90558、S73474、90555、90550、S73499、90589；不妨依次命名为 1～52 号关键点。观察图 5.64～图 5.67 易知，关键点分布在纵梁腹板与横梁交叉处或者跨中处。考虑该工况下冰体冲击作用及水压力作用均为对称荷载，故表中只对闸门上 XOY 对称面一半的关键点应力进行分析。

图 5.62　主横梁（5 号横梁）典型截面
关键点示意图

图 5.63　D 号纵梁典型截面
关键点示意图

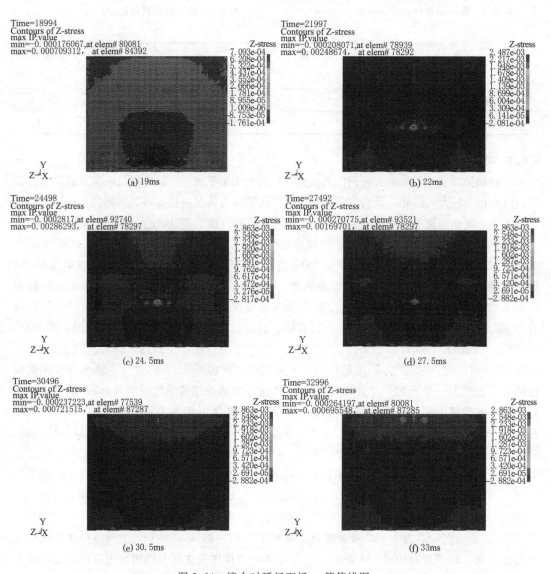

图 5.64　撞击时弧门面板 σ_z 等值线图

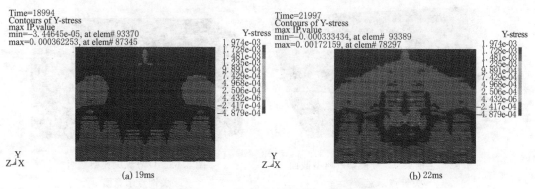

图 5.65（一）　撞击时弧门面板 σ_y 等值线图

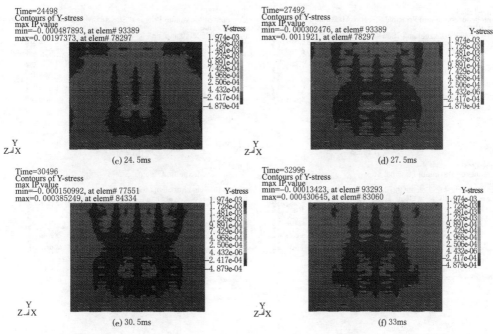

图 5.65（二） 撞击时弧门面板 σ_y 等值线图

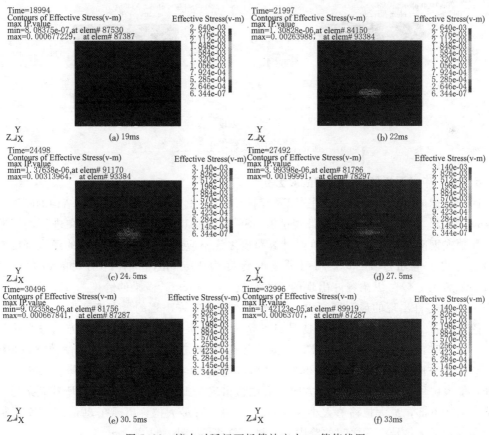

图 5.66 撞击时弧门面板等效应力 σ_{eff} 等值线图

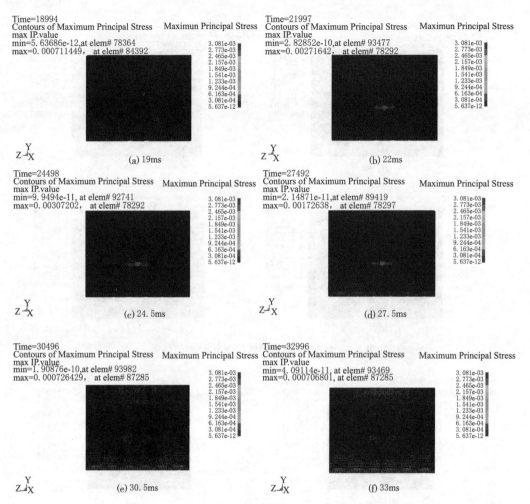

Time=18994
Contours of Maximum Principal Stress
max IP.value
min=5.63686e-12,at elem# 78364
max=0.000711449, at elem# 84392

Time=21997
Contours of Maximum Principal Stress
max IP.value
min=2.82852e-10,at elem# 93477
max=0.00271642, at elem# 78292

(a) 19ms

(b) 22ms

Time=24498
Contours of Maximum Principal Stress
max IP.value
min=9.9494e-11, at elem# 92741
max=0.00307202, at elem# 78292

Time=27492
Contours of Maximum Principal Stress
max IP.value
min=2.14871e-11,at elem# 89419
max=0.00172638, at elem# 78297

(c) 24.5ms

(d) 27.5ms

Time=30496
Contours of Maximum Principal Stress
max IP.value
min=1.90876e-10,at elem# 93982
max=0.000726429, at elem# 87285

Time=32996
Contours of Maximum Principal Stress
max IP.value
min=4.09114e-11, at elem# 93469
max=0.000706801, at elem# 87285

(e) 30.5ms

(f) 33ms

图 5.67　撞击时弧门面板第一主应力 σ_1 等值线图

5.6.8　冰体冲击下弧形闸门结构刚度分析

闸门结构的变形主要是由其主梁起控制作用，故主要分析闸门空间梁结构的刚度。根据规范《水利水电工程钢闸门设计规范》（SL 74－2013）第 5.2.3 条，在进行刚度验算时，漏顶式钢闸门的主梁最大挠度与计算跨度之比不应超过 1/600，次梁的最大挠度与计算跨度之比不应超过 1/250。闸门纵梁的跨度为 10.26m，其容许出现的最大挠度为 1.71cm；A 号、G 号纵梁容许出现的最大挠度为 4.10cm；横梁的跨度为 11.60m，5 号、12 号主横梁容许出现的最大挠度为 1.93cm；次横梁容许出现的最大挠度为 4.64cm。

撞击位置 03 的空间梁系变形情况如图 5.68～图 5.71 所示。其中 X 方向最大位移出现在 31ms 时，8 号横梁与 C 号、D 号、F 号纵梁之间的跨中处，最大位移值为－0.52cm；Y 方向最大位移出现在 29.5ms 时，7 号横梁与 C 号、D 号、F 号纵梁之间的跨中处，最大位移值为 1.22cm；Z 方向最大位移出现在 43.5ms 时，C 号、E 号纵梁与 7 号横梁交叉点下部，最大位移值大小为 0.28cm；总位移最大位移出现在 30ms 时，7 号横梁与 C 号、D 号、F 号纵梁之间的跨中处，最大位移值大小为 1.24cm。

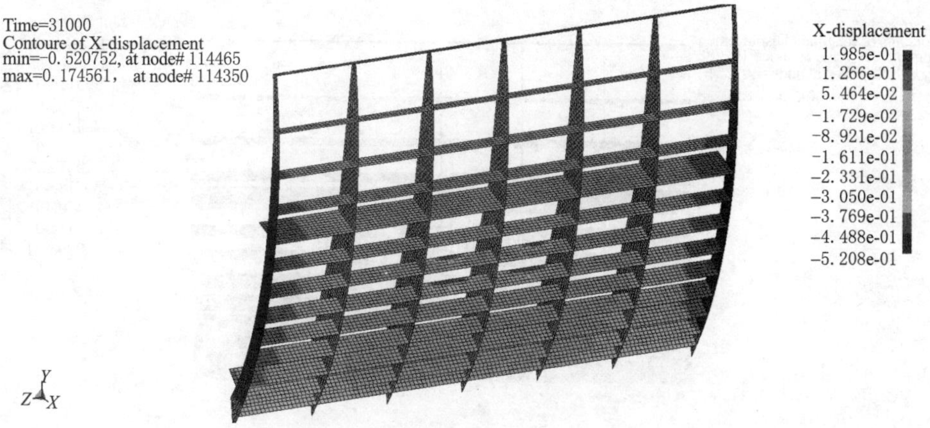

Time=31000
Contoure of X-displacement
min=-0.520752, at node# 114465
max=0.174561, at node# 114350

X-displacement
1.985e-01
1.266e-01
5.464e-02
-1.729e-02
-8.921e-02
-1.611e-01
-2.331e-01
-3.050e-01
-3.769e-01
-4.488e-01
-5.208e-01

图 5.68　撞击位置 03 空间梁系 X 方向最大位移时刻

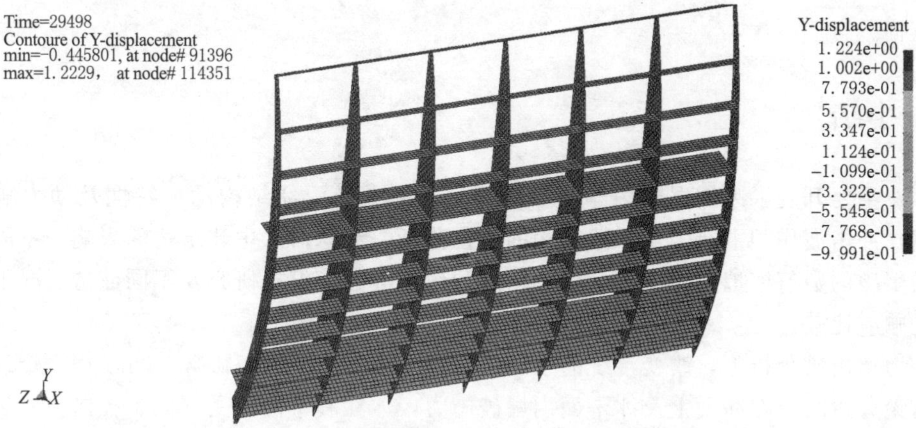

Time=29498
Contoure of Y-displacement
min=-0.445801, at node# 91396
max=1.2229, at node# 114351

Y-displacement
1.224e+00
1.002e+00
7.793e-01
5.570e-01
3.347e-01
1.124e-01
-1.099e-01
-3.322e-01
-5.545e-01
-7.768e-01
-9.991e-01

图 5.69　撞击位置 03 空间梁系 Y 方向最大位移时刻

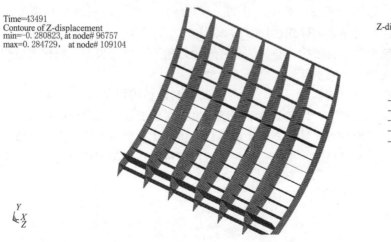

Time=43491
Contoure of Z-displacement
min=-0.280823, at node# 96757
max=0.284729, at node# 109104

Z-displacement
2.847e-01
2.282e-01
1.716e-01
1.151e-01
5.851e-02
1.953e-03
-5.460e-02
-1.112e-01
-1.677e-01
-2.243e-01
-2.808e-01

图 5.70　撞击位置 03 空间梁系 Z 方向最大位移时刻

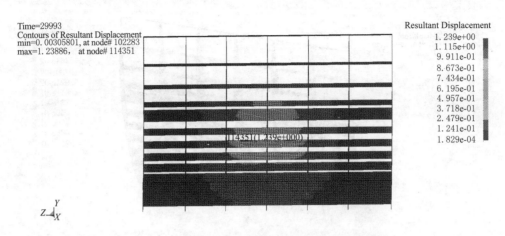

图 5.71　撞击位置 03 空间梁系总位移最大位移时刻

在考虑结构系数后，上述变形的挠度值均可以为该弧形闸门面板极限状态的抗力设计提供依据。

5.7　小结

本章主要开展了冰体爆破力学模型的研究、冰盖及浮冰结构动力特性及动力响应分析、爆炸冲击波作用下冰盖及浮冰结构的毁伤分析、流冰对水中建筑物的影响、不同工况下冰盖爆破的数值模拟、冰凌水下爆破的阵列优化等数值模拟研究及不同撞击工况下弧形闸门的响应比较。

在力学爆破分析上，改变传统的在冰平面内受力的冰体撕裂破坏分析模型，传统断裂力学理论分析时，在冰面上及冰平面内爆破施力，冰在其平面内受环向、径向力撕裂、压碎（甚至化成水），显然计算的爆破能耗较大，效率低，对堤防及过水建筑物危险性大。

考虑到冰体材料抗拉性差，应借助现代聚能随进爆破技术，在冰下爆炸，使冰在垂直冰平面方向受力，冰体折裂破坏成小尺寸的、较均匀的、对下游建筑物和堤防没有伤害的、可以流动的冰块（不是破碎或化成水），这样的力学模型比较合理，这是由于黄河凌灾爆破的冰体是脆性的薄板结构，易折裂破碎。合理的力学破坏模型与现代爆破技术的结合，能达到爆破耗能少、成本低、安全高效的效果。

一系列数值模拟对爆破器材设计，以及爆破方案设计提供了科学合理的理论分析办法。通过科学的分析计算，合理优化水下爆破深度，对聚能随进后的延时起爆引信设计提供了依据；通过科学的分析计算，合理采取爆破措施，优化爆破方阵，使得爆破后的冰块在危险的流速下不至于对堤防、提灌建筑物、桥墩等过水建筑物产生损害。

第6章 专用破冰器材研发

6.1 研究技术方案

通过现场调研和资料收集分析的方法，为建立黄河冰凌灾害的数据库积累资料；通过冰样力学实验，得出冰物理及力学性能参数；通过力学分析，建立力学分析理论及计算方法，为爆破器材参数设计提供理论指导；研发破冰专用器材，并参照实验数据和力学分析结果，不断修正参数、改进设计，研究科学高效的冰凌预防综合技术方案。

6.1.1 聚能随进破冰器现场试验技术方案

聚能随进破冰器，是集存储、运输、发射、破冰功能于一体的两级爆炸破冰结构，一级为聚能穿孔装置、二级为随进破冰装置。一级爆炸破冰结构具有引信起爆后形成高速动能弹丸对冰层进行穿孔的聚能穿孔装置；二级爆炸破冰结构具有在推进装置推力作用下沿一级聚能穿孔装置穿出的孔道进入冰层下的水中对冰层进行爆破的随进破冰装置。该器材的三大组成部分聚能穿孔装置、随进破冰装置、推进装置依序密封在连接筒内。第一部分聚能穿孔装置通过传爆装置与第二部分随进破冰装置相连，第二部分随进破冰装置尾端嵌入有第三部分，即提供动力的推进装置。该器材的连接筒外中部设置支架，如图 6.1 所示。

打开支架，拧开锁紧螺钉，将支架张开至极限位置，调节支腿长度，保证聚能随进破冰器平稳地竖直放置在冰面上，再拧紧锁紧螺钉；抽出保险销，解除第一道保险；将推进装置的点火插头插到遥控起爆器的点火线路上，人员随即撤离至安全距离，进行遥控起爆。推进装置点火具点火，点燃推进剂。推进装置达到一定推力时，剪断破冰爆炸装置的固定销，使其加速向冰面运动。当随进破冰爆炸装置运动至一定位置时，撞击聚能穿孔装置引信的撞击销，聚能

图 6.1 聚能随进破冰器

穿孔装置引信解除第二道保险，并引爆聚能穿孔装置，对冰层进行穿孔，同时引爆传爆体，延时起爆体开始工作；随进破冰爆炸装置在推进装置推力的继续作用下沿冰层孔道，克服冰水的阻力，可运动至冰层以下约 1.5m 某处，此时延时起爆体达到延期时间，引爆随进破冰爆炸装置，使主装药在水下爆炸，达到消除冰层内部应力或炸除冰塞、冰坝，疏

通过流河道的目的。

用一组阵列式布置的破冰器的主装药同时爆炸，如图 6.2 所示，单列即可爆破出一条宽度为 3～12m 的破裂带，多列矩阵布置可开辟出大范围的破裂区域。

图 6.2　聚能随进破冰器破冰的布列形式示意

在选定的目标冰面上，布置聚能随进破冰器的单列组合，如图 6.3 所示。

6.1.2　火箭聚能破冰器现场试验技术方案

图 6.3　聚能随进破冰器的单列组合

火箭聚能破冰器主要包括破冰弹、发射器和控制器三个部分。第一部分破冰弹为两级爆炸破冰结构，一级为冰层进行穿孔结构，二级为对冰层进行爆破结构。第二部分发射器为分装式结构，由高低压发射装置和发射架组成。破冰弹密封在发射器内，破冰弹的尾端紧固连接在发射器的高低压发射装置上。高低压发射装置为储存、运输和发射一体式结构，固定在发射架上。第三部分控制器通过导线连接数个发射器，控制器控制数个发射器按时序发射破冰弹，使破冰弹在冰面形成线状炸点。

操作流程：打开包装箱，将发射器高低压发射装置的尾座与发射架的底板铰接，打开调节支架的管箍，将高低压发射装置置于管箍上，锁紧螺栓，再将支脚张开。目测目标距离，根据目标距离调节发射器的射角，锁紧调节杆，对准目标。旋开发射器的高低压发射装置尾座上的密封螺盖，解除点火具的短路保险，将控制器引出的点火插头插入每个发射器尾座上的圆形插座中，通过控制器控制数个发射器按时序发射，使破冰弹在冰面形成线状炸点；发射时，点火具点燃发射药，产生的火药气体通过高压室的喷孔进入低压室，当低压室压力达到 2.5MPa 时，破冰弹从高压室前端的拉断槽处拉断，破冰弹运动至管口，依靠撞击力打开发射管管口的密封盖。在发射惯性力作用下引信解除第一道保险，破冰弹出发射管管口后尾翼在弹簧力作用下展开到位并锁定，继续运动至一段距离，在空气阻力作用下引信解除第二道保险，引信处于待发状态。当破冰弹飞至终点头部以较大的落角撞击冰层时，开关帽闭合，引信作用，引爆穿孔装药爆炸，产生一个速度约为 2000m/s 的高速金属弹丸，在冰层中穿出直径远大于随进破冰装置直径的孔洞，同时穿孔装药爆炸的爆轰波由传爆装置导爆索延期起爆装置的导爆管，导爆管低速爆轰点燃延期体，延期起爆装置开始延时。随进破冰装置在惯性作用下沿聚能穿孔装置在冰层中穿出的孔道中随进，运动至冰面以下某处，延期起爆装置延时结束，引爆破冰装药爆炸，达到破冰排凌的目的。

6.2 火箭聚能破冰器研发

6.2.1 火箭聚能破冰器材研发背景

在黄河的凌汛期，冰凌洪水是大量的流凌在河流水面比降由陡变缓的河段下泄时阻塞河道，出现卡冰结坝，引起水位上升而造成的。出现冰塞、冰坝，需要在2h内破冰排凌，否则很快会出现洪水泛滥。

针对上述情况，在总结以往理论和技术经验的基础上，根据爆炸力学和弹药设计学原理，研发了火箭聚能破冰器。该破冰器具有机动快速、高效安全、可靠、省力、廉价、危害小、后患少、携带方便等特点，能够快速、安全、高效地破除冰塞及冰坝，从而实现真正意义上的"变被动减灾为主动预防，变传统模式为现代技术"的目标，对黄河及其他北方河流的破冰排凌有着非常重要的意义。

6.2.2 火箭聚能破冰器材内容

（1）结构组成。火箭聚能破冰器由发射架和发射筒组成。发射筒属一次性使用，发射架可重复发射；发射筒既是发射管，也是包装筒，由高低压发射系统和破冰体组成；破冰体由聚能穿孔装置、随进破冰爆炸装置、飞行稳定机构等组成；发射架由座板组件与调节支架组件和简易瞄准装置组成。

发射架采用驻锄原理及刚性支撑结构设计，利用底座及支架固定发射筒，实现驻地发射，提高发射稳定性。同时，发射架具有方向瞄准、射角调节功能。

高低压发射装置采用电点火发射方式，实现单管发射和多管齐射。高压室内装发射药，点火后，发射药气体进入低压室推动破冰体运动。高低压发射提高了发射药的能量利用率。

破冰体采用两级串联装药结构，前级为聚能穿孔装置，后级为随进破冰爆破装置。破冰体碰击冰层目标，引信起爆聚能穿孔装置，对冰层穿孔，同时通过传爆体传爆，启动延期起爆体开始延时，随进破冰爆炸装置在惯性力作用下沿冰层的通孔进入水中一定深度后，延期起爆体延时结束，起爆随进破冰爆炸装置主装药，破碎冰层。其结构如图6.4所示。

（2）操作流程及工作原理。打开包装箱，架设发射架，将发射筒尾部与座钣联

图6.4 火箭聚能破冰器样机

接，锁紧身管管箍，摇动高低机手柄，将发射架射角调整至设定值，将控制箱的引出线插入发射筒尾部插座中，操作人员通过控制箱设置点火时序并按时序点火发射。在发射惯性力的作用下引信解除第一道保险，破冰体离开发射管口后，尾翼在弹簧力的作用下展开到位并锁定。在空气阻力作用下引信解除第二道保险，当破冰体头部以较大的落角撞击冰层时，开关帽闭合，引信作用，引爆前级聚能穿孔装置在冰层中穿出直径不小于 350mm 的透孔。聚能穿孔装置的爆轰波同时引爆传爆体，延期起体开始延时，后级随进破冰爆炸装置继续向下沿孔洞进入冰层，延时结束随进破冰爆炸装置到达冰层下预定位置爆炸。

（3）主要性能指标。

1）威力：最大射程 550m，能够可靠穿透 1200mm 厚度冰层，在冰层下 1.5～1.8m 的水中爆炸后，破碎冰层直径不小于 7000mm。

2）器材正常作用可靠率不小于 95％。

3）爆破冰层时不产生金属破片，且非金属复合材料壳体破片飞散距离不大于 50m。

4）有效射程：300～500m。

5）器材在生产、运输、储存、发射及使用等安全且不发生误爆。

6）便于单人携行且操作简便、快捷。

7）破冰器设置时间：不大于 180s。

8）环境适应温度：−45～+50℃。

9）有效储存期：不少于 10 年。

（4）特点。除具有聚能随进破冰器直列破冰所具有的安全、可靠、重量轻、装药小、破冰面积大、环境适应性强等特点外，最显著的特点是可在岸上和跨河建筑物上发射，机动性强，不受环境（比如跨河建筑物、岸边建筑设施等）、地形等制约，可弥补飞机、大炮的不足。

6.2.3　破冰器材应用前景

采用聚能装药穿孔及随进装药技术研制的冰盖（冰塞）、流凌和冰坝爆破专用器材与传统的爆破排凌器材与方法相比，解决了人工爆破排凌的作业时间长、效率低及安全性差，飞机空投航弹或用火炮炮击排凌受气象及地理环境制约、安全隐患大、资源浪费大、危害范围广、准确性差、爆破后遗症多等难题，具有安全可靠、机动快速、操作简便、不受环境制约和便于单兵携行等优点。该专用破冰器材装备部队后可有效地提高破冰作业的速度和效率，也将大大提高工程部队非战争军事行动能力和地方防凌分队应急处置能力，并具有显著的军事效益、经济效益和社会效益。

每种器材都具有低廉的成本，是目前所能应用到的器材或部分研发的器材无法比拟的。

6.3　聚能随进破冰机研发

6.3.1　聚能随进破冰机器材研发背景

致灾的冰凌按其形态可分为冰盖、流凌、冰塞、冰坝。冰盖是黄河封冻期在河面上冻结的具有一定厚度的冰体，冰盖的膨胀作用会对河道水利工程设施和两岸的建筑物造成破坏。目前，克服冰盖膨胀作用的方法通常是在冰盖上沿河流纵向用人工爆破方法开设一定宽度的裂缝，消除膨胀作用。冰塞、冰坝是翌年黄河凌汛期由于气温上升冰盖开始融化，上游先解冻的河段会产生大量的冰凌，这些流凌容易阻塞河道，形成冰塞、冰坝，造成泛滥，需要迅速摧毁。传统的方法为：在冰塞、冰坝形成后，调用飞机、大炮为主的应急破冰，辅以其他人工作业措施。但目前由于凌灾的突发性、随机性。这种破冰技术，周期相对较长、机动灵活性差、成本高、安全性差。

为解决以上技术问题，研发一种聚能随进破冰器。该破冰器能够迅速设置在冰盖、冰塞、冰坝上利用爆炸能量快速消除冰盖膨胀作用、摧毁冰塞、冰坝的专用爆破器材，将传统人工爆破方法的造孔、布药、水下装药、联线起爆等工序合并为一道工序，该方法具有破冰效果好、劳动强度低、危害范围小、机动快速、携带方便、安全可靠、费用低、后患小的特点，对黄河及其他北方河流的破冰减灾有着非常重要的意义。

6.3.2 聚能随进破冰机器材内容

（1）概述。聚能随进破冰器，是集存储、运输、发射、破冰功能于一体的两级爆炸破冰结构，一级为聚能穿孔装置、二级为随进破冰装置。一级爆炸破冰结构具有引信起爆后形成高速动能弹丸对冰层进行穿孔的聚能穿孔装置；二级爆炸破冰结构具有在推进装置推力作用下，沿一级聚能穿孔装置穿出的孔道进入冰层下的水中，对冰层进行爆破的随进破冰装置。第一部分聚能穿孔装置通过传爆装置与第二部分随进破冰装置相连，第二部分随进破冰装置尾端嵌入第三部分。该器材的连接筒外中部设置支架。

聚能随进破冰器是集包装运输、储存、设置使用等于一体化的单兵破冰制式爆破器材，如图 6.5 所示。聚能随进破冰器采用两级爆炸装药结构，第一级聚能穿孔装置爆炸对冰层进行穿孔，第二级随进破冰爆炸

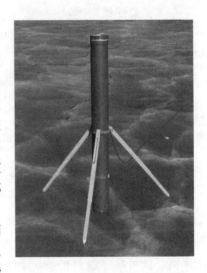

图 6.5 聚能随进破冰器样机

装置在推进装置推力作用下沿孔道进入到冰层以下一定深度的水中爆炸，对冰层进行破碎。

（2）结构组成。聚能随进破冰器结构主要由聚能穿孔装置、随进破冰爆炸装置、支架和连接筒等组成。

聚能穿孔装置由聚能装药及引信组成，手动解除引信的第一道保险，随进破冰爆炸装置撞击穿孔装置引信的撞击销，解除引信第二道保险，并起爆聚能穿孔装置，对冰层穿孔。

随进破冰爆炸装置由随进主装药、推进装置及延期起爆体等组成。推进装置推动随进破冰爆炸装置沿连接筒向冰层表面运动，到冰层表面时聚能穿孔装置爆炸对冰层穿孔，同时延期起爆装置开始延时，推进装置继续工作使随进破冰爆炸装置沿冰层的通道中进入水下一定深度后，延时结束，延期起爆体起爆随进破冰爆炸装置的主装药破碎冰层。

连接筒采用玻璃丝布卷制成型，内装聚能穿孔装置和随进破冰爆炸装置，它既是包装筒，又是两级爆炸装置的定向器，具有防潮功能。支架固定连接在连接筒上，平时处于收拢保险状态，使用时打开支架，调整支腿长度并紧固。

（3）操作流程及工作原理。打开支架，拧开锁紧螺钉，将支架张开至极限位置，调节支腿长度，保证聚能随进破冰器平稳地竖直放置在冰面上，再拧紧锁紧螺钉；抽出保险销，解除第一道保险；将推进装置的点火插头插到遥控起爆器的点火线路上，人员随即撤离至安全距离，进行遥控起爆。推进装置点火具点火，点燃推进剂。推进装置达到一定推力时，剪断破冰爆炸装置的固定销，使其加速向冰面运动。当随进破冰爆炸装置运动至一定位置时，撞击聚能穿孔装置引信的撞击销，聚能穿孔装置引信解除第二道保险，并引爆聚能穿孔装置，对冰层进行穿孔，同时引爆传爆体，延时起爆体开始工作；随进破冰爆炸装置在推进装置推力的继续作用下沿冰层孔道，克服冰水的阻力，运动至冰层以下 1.5～1.8m 处，此时延时起爆体达到延期时间，引爆随进破冰爆炸装置，使主装药在水下爆炸，达到消除冰层内部应力或炸除冰塞、冰坝，疏通过流河道的目的。

（4）主要性能指标。

1）威力：能够可靠穿透 1500mm 厚度冰层，在冰层下 1.8m 的水中爆炸后，破碎冰层直径不小于 8000mm。

2）器材正常作用可靠率：不小于 95%。

3）爆破冰层时不产生金属破片，且非金属复合材料壳体破片飞散距离不大于 50m。

4）器材在生产、运输、贮存、使用等方面安全且不发生误爆。

5）便于单人携行且操作简便、快捷。

6）破冰器设置时间：不大于 120s。

7）环境适应温度：-45～+50℃。

8）有效储存期：不少于 10 年。

（5）特点。

1）装药量小、破冰威力大。前级装药 400g，后级装药 4.8kg，破冰面积大，能量利用率高；能可靠穿透 1500mm 厚度冰层，在冰层下 1.8m 的水中爆炸后，破碎冰层漏斗坑直径不小于 8000mm。

2）安全性和可靠性高。器材具有双套保险装置，确保了储存、运输和设置使用的安全；双套传爆装置也确保了起爆炸的可靠性能。

3）不产生二次杀伤破片。连接筒和支架采用非金属材料制成，爆破冰层时不产生金属破片，且非金属复合材料壳体破片飞散距离不大于 50m。

4）器材重量轻，便于携带前行。在满足强度的条件下，器材结构大量采用轻质高强非金属材料，减少器材结构尺寸和重量。根据战术技术要求，经理论计算分析，其结构尺寸为 1020mm×φ100mm，重量为 12kg。

5）布设速度快、操作简单快捷。器材直立架设支腿展开简单，两人作业时间不大于 2min，也可借助气垫船快速进行多发布设，远距离遥控点火起爆。

6）环境适应性强，器材耐高低温。环境适应温度：-45～+50℃；有效储存期不少于 10 年。可满足我国绝大部分地区需求。

6.4　小结

本章介绍了两种破冰器材的研发背景及其各自的组成、特点和操作流程、性能指标，并对这两种破冰器材的优点及应用前景进行了概述。解决了人工爆破排凌作业时间长、效率低和安全性差，以及飞机空投航弹或用火炮炮击排凌受气象及地理环境制约、安全隐患大、资源浪费大、危害范围广、准确性差、爆破后遗症多等难题，具有安全可靠、机动快速、操作简便、不受环境制约和便于单兵携行等优点，在桥梁等过水建筑屋附近损害小，适应性好。

第7章 破冰器材现场实验研究

黄河冰凌灾害的严重性和特殊性历来受到政府领导层和学术界的高度关注，每当黄河出现冰塞、冰坝等冰凌灾害时就会给国家的经济发展和人民的生活稳定带来威胁。由华北水利水电学院与中国人民解放军总参谋部工程兵科研三所（以下简称"工程兵总参三所"）组成的防凌减灾课题组曾向水利部领导做出了专题汇报，也向水利部黄河水利委员会领导及专家汇报，各级领导及专家就该项目的研究方案和研究思路给予了高度评价，认为项目拟研发的一系列破冰防凌的技术方案和专用器材具有思路新颖、技术路线可靠、机动性好、效率高、成本低、方案科学等特点，鼓励认真研究。

为了探索防凌减灾的基本原理，获得基础实验数据，华北水利水电大学和工程兵总参三所合作以来，先后在黄河内蒙古包头段和松花江依兰段进行了4次两种器材的原理探索性试验、原理性试验、初样机破冰性能试验和样机破冰性能试验，取得了较好的破冰效果。典型的试验有：

（1）破冰试验小组在内蒙古包头市磴口河段及松花江河段，对聚能穿孔、聚能切割、聚能压碎和聚能射流组合阵列等爆破器材的可行性及破冰效果进行了现场试验。

（2）由华北水利水电大学防凌减灾研究所孟闻远教授带队，与工程兵总参三所组成破冰试验小组，再次到达内蒙古包头市磴口河段勘察冰面情况，并对两种破冰器材进行了试验验证。

7.1 聚能随进技术河冰爆破可行性试验研究

7.1.1 试验点的确定

华北水利水电大学防凌减灾研究所与工程兵总参三所组成的破冰试验小组曾赴内蒙古包头市磴口黄河冰封河段开展破冰试验。

破冰试验小组随同领导与专家考查试验场地，分别对黄河冰封河段的包西铁路桥上游（图7.1）、新建公路桥上游（图7.2）及磴口（图7.3）三个场地进行了考察。考虑到试验场地的代表性和安全性，最终确定磴口为本次试验的试验场地。

图7.1 包西铁路桥

图7.2 新建公路桥

7.1.2 试验目的

本次试验旨在对聚能射流穿孔及爆破器材在爆破破冰体作业上的可行性进行验证，并对其设计参数进行优化，同时对药包在冰面和水下爆破的效果进行验证，以期可对预设爆破方案的可行性进行评价。

在课题研究中拟对不同弹径和炸高的聚能射流穿孔器射流、聚能射流成型弹进行试验，分析破冰效果，优化设计

图 7.3　碛口试验场地

参数，评价聚能穿孔器在破冰排凌作业中的可行性。对聚能射流穿孔器的破冰效果进行分析，评价其作业效果。进行爆破器材组合爆破，评价爆破效果。

7.1.3 器材类型

项目组针对河道及近海地区冰情和冰盖、冰塞、冰坝及流凌等特点，结合我国北部地区防凌减灾的实际需求，在对冰盖、冰塞、冰坝、流凌等性能特征进行分析的基础上，做了聚能穿孔可行性试验。聚能穿孔按两种原理设计，第一种为聚能射流成孔；第二种为聚能射流成型弹（该弹炸高较高，弹丸可以翻转成型）。

7.1.4 试验成果

（1）冰介质对聚能装药穿孔效果的影响试验。用工程兵总参三所研制的聚能穿孔装置按不同炸高对冰盖进行垂直穿孔试验。测量试验后的冰孔直径和深度，观察孔壁结晶形态及孔口周围的破坏情况，其设置分别如图 7.4 和图 7.5 所示。

聚能穿孔装置在冰盖上穿出一个通孔，孔洞呈漏斗形，开口直径为 500～550mm，漏斗深约为 200 mm，漏斗底部孔口直径为 300 mm，贯穿整个冰层。冰体在聚能装药、射流或爆炸冲击波的作用下，孔壁上均是小块的冰体碎片，清除碎片后孔壁冰体上有很多环向和径向的裂缝，孔壁上未见融化重结晶的光滑晶莹面，冰体破裂沿结晶面断裂。可见冰体上爆炸穿孔属于脆性材料的冲击破碎形式。

图 7.4　聚能穿孔装置设置示意

图 7.5　聚能穿孔装置在冰盖上穿孔结果

（2）炸高对穿孔效果的影响试验。试验使用制式的聚能穿孔装置，炸高分别为 3 倍、5 倍、10 倍、15 倍和 18.3 倍，考核炸高对聚能穿孔装置开孔效果的影响。其设置如图 7.6 所示，试验结果见表 7.1。

(a) 5 倍炸高　　　　　　　　　　　　(b) 10 倍炸高

(c) 15 倍炸高　　　　　　　　　　　　(d) 18.3 倍炸高

图 7.6　聚能穿孔设置成不同炸高的试验情景

聚能穿孔装置从 3 倍到 18.3 倍炸高，其开孔尺寸一般在 500～700mm 之间。在冰体上穿孔直径变化不大。

表 7.1		不同炸高下的穿孔结果			单位：mm
器　　材	炸高	冰厚	冰孔尺寸 开口尺寸	中部尺寸	备　　注
前级聚能穿孔器	3 倍	600	500～550	300	直径
	5 倍	600	500～550	300	直径
	10 倍	600	600～700	230	直径
	15 倍	550	600～650	400	直径
	18.3 倍	550	500～550	300	直径

（3）模拟聚能随进装药水下破冰原理试验。先使用聚能穿孔装置在冰盖上穿出一个直径不小于 250 mm 的孔洞，然后采用 TNT 集团装药设置在冰面下 1.7 m 处引爆，如图 7.7 所示。破碎冰层直径为 7800 mm，如图 7.8 所示。

图 7.7　TNT 装药与开设的冰孔　　　　图 7.8　TNT 集团装药冰下爆炸情况

（4）器材布置参数试验。先使用聚能穿孔装置在冰盖上穿出一排 3 个直径不小于 250 mm 的孔洞，然后在冰面下 1.7 m 处分别设置集团装药，间距分别为 8.1 m 和 9.8 m，如图 7.9 所示。试验爆出一个宽 12.8 m、长 28.4 m 的破碎带，如图 7.10 所示。

图 7.9　直列布置的冰孔与 TNT 集团装药　　　图 7.10　冰下爆破结果

7.1.5　试验结论

对现场试验的量测数据和试验现象进行分析，可以初步得到以下结论：

（1）聚能射流穿孔随进爆破技术可实现器材的预控冰下爆破，使冰体大面积破碎，其技术特点明显。

（2）在聚能射流穿孔时，低强度脆性的冰体结构在高速冲击波的作用下，可开出孔径为弹体 2～3 倍的空洞，空洞周围冰体被高速冲击波冲击致裂。

（3）聚能射流穿孔随进器组合布设可实现大面积的冰体破碎，其冰体破碎机理为爆破冲击波造成的冰体压弯曲折裂破碎。

（4）本次试验所采用的器材在破冰防凌任务中可行性好，基本实现了预期的目的，个别参数还需做一定的试验予以修正。

（5）各种爆破器材在破冰过程中，冰体材料被炸得非常粉碎，这说明冰体材料的抗拉（抗折裂）强度低，器材破冰效果好，同时均具有价格低廉、性能优越的特点。

（6）聚能射流破冰器材爆破后，弹坑上半部分形成漏斗型，下半部分形成反向漏斗型，中间孔径窄，呈瓶颈型。这种瓶颈型弹坑的形成是由于聚能射流爆破冲击波而引起，这一点与传统爆破现象是一致的。而呈瓶颈型弹坑的下半部分形成反向漏斗，是由爆炸冲切形成的，有时爆炸冲切形成的反向漏斗口径更大，这一点说明传统的断裂力学中所提出的"水不可压缩"基本假定是不恰当的。

（7）对于聚能射流穿孔破冰器材来说，在一定的炸高范围内，器材的炸高越高，聚能射流穿孔器的聚能射流穿孔效果越好。

7.2　破冰器材原理样机内场摸底试验

在破冰器材原理探索性试验的基础上，针对冰凌灾害特点，初步确定采用聚能随进破冰器、火箭聚能破冰器两种破冰器材，并针对两种器材特点和需要解决的关键技术，加工了前级聚能穿孔装置、后级随进破冰体、发射筒、发射架，并进行了内场摸底试验研究。

（1）聚能随进破冰器爆炸试验。将模型样机垂直设置在地面上，通过电雷管引爆前级聚能穿孔装置，考核聚能随进破冰器在现有设计情况下，前级穿孔装置和后级随进装药之间的安全距离是否满足要求，设置如图 7.11 所示。试验结果表明：前级穿孔装置爆炸后，后级随进装置药柱未殉爆，安全距离满足要求，如图 7.12 所示。

图 7.11　爆炸试验设置　　　　　　　图 7.12　爆炸实验结果

（2）聚能随进破冰器推进装置原理试验。试验采用惰性体随进装置，通过引信起爆，主要考核聚能随进破冰器在推进器作用下随进运行情况，如图 7.13 所示。

推进器工作正常，当推进器推动爆破装置剪断固定销后，将引信剪切销剪断，引爆穿孔装置，如图 7.14 所示。穿孔装置爆炸后，推进器继续推动爆破装置运动，最后爆破装置插入地面，试验达到预期目的。

（3）聚能随进破冰器水下运行试验。试验采用惰性体随进装置，通过点火，主要考核聚能随进破冰器在推进器作用下的水下运行速度情况。试验结果表明：点火后，推进器工作正常，当推进器推动惰性体随进装置剪断固定销后，将引信剪切销剪断，引爆穿孔装置，推进器继续推动惰性体随进装置垂直运动，试验达到预期目的，如图 7.15 和图 7.16 所示。

图 7.13　推进试验原理设置情况

图 7.14　试验结果

图 7.15　推进器点火瞬

图 7.16　后级随进装置在水下运行

（4）火箭聚能破冰器飞行稳定性试验。试验采用模拟破冰体，重约 8.1kg，固定射角发射，目测观察破冰体飞行稳定性，使用高速摄像机测炮口初速，使用 GPS 测落点射程，试验结果表明：破冰体初速约为 80 m/s，射程为 458～493m，空中飞行稳定，满足飞行稳定性要求。结果如图 7.17 和图 7.18 所示。

图 7.17　试验弹空中飞行姿态

图 7.18　试验弹落点姿态

（5）发射架稳定性试验。试验采用模拟破冰体，重约 8.1kg，固定射角发射，使用高速摄像机测炮口初速和发射架稳定情况。试验结果：发射架稳定性和强度均满足要求，如

图 7.19 所示。

（6）火箭聚能破冰器引信和随进装置试验。试验采用模拟破冰体，重约 8.2kg，穿孔装置为全装药。考核火箭聚能破冰器穿孔装置作用后，随进装置强度是否满足要求，以及随进装置的随进情况。

试验结果：射程 453 m，飞行正常。引信正常作用，随进装置强度满足要求，随进装置沿开孔正常随进，如图 7.20 所示。

图 7.19　火箭聚能破冰器发射架发射后　　图 7.20　火箭聚能破冰器落点及随进情况

7.3　破冰器材原理样机野外摸底试验

在破冰器材结构原理探索性试验的基础上，设计加工了前级聚能穿孔装置、聚能随进破冰器全装药原理样机和火箭聚能破冰器初样机。聚能随进破冰器样机为全装药，共 9 发。其中，延时起爆装置延时时间为 90ms 的 2 发、150ms 的 4 发，250ms 的 3 发；火箭聚能破冰器样机为全装药，共 6 发。其中，延时起爆装置延时时间分别为 90ms 和 150ms 的破冰器各 3 发。其结构分别如图 7.21～图 7.24 所示。

 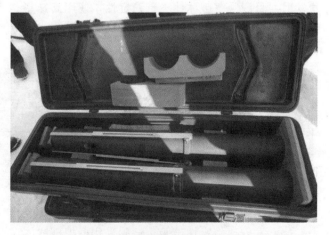

　　图 7.21　前级聚能穿孔装置　　　　　　图 7.22　聚能随进破冰器样机

图 7.23 火箭聚能破冰器样机

图 7.24 火箭聚能破冰器样发射筒

7.3.1 前级聚能穿孔装置穿孔威力试验

将破冰器前级聚能穿孔装置分别按 90mm、120mm、180mm 的炸高垂直设在厚度冰层上进行静态引爆，考核其穿孔威力。如图 7.25 所示。

(a) 90mm炸高

(b) 120mm炸高

(c) 180mm炸高

图 7.25 前级聚能穿孔装置穿孔威力试验设置

试验结果如图 7.26 所示，在不同炸高作用下，其开孔尺寸均为 800mm 作用的通孔，相差不大，均可满足后级随进主装药进入冰层下面爆炸。

7.3.2 聚能随进破冰器原理样机威力试验

将聚能随进破冰器垂直设置在冰层进行破冰威力试验，考核其在冰面上架设、操作的可行性与实用性和后级随进主装药在推进装置作用下进入冰层的顺畅性及延时起爆装置延时时间设计的合理性，测试全装药破碎冰层的直径并判读其是否满足战术技术要求。第 1 发至第 6 发为单发静态引爆试

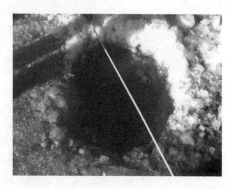

图 7.26 前级聚能穿孔装置穿孔威力试验结果（炸高为 90 mm）

验，第 7 发至第 9 发为多发一列布设的破冰试验，间距为 10m，同时起爆。单发聚能随进破冰器和直列聚能随进破冰器在冰面上的设置如图 7.27 和图 7.28 所示。

图 7.27　单发聚能随进破冰器样机威力试验　　图 7.28　直列聚能随进破冰器样机破冰威力

单发聚能随进破冰器的破冰场景和破冰结果如图 7.29 和图 7.30 所示，破碎冰层直径在 7000～10000 mm 范围内，冰层厚度约为 500mm。

图 7.29　单发聚能随进破冰器破冰情景　　图 7.30　聚能随进破冰器样机破冰

多发聚能随进破冰器同时起爆时，但由于各自间距过大，形成了 3 个独立的破碎区，如图 7.31 和图 7.32 所示。

图 7.31　直列聚能随进破冰器试验（一）　　图 7.32　直列聚能随进破冰器试验（二）

7.3.3 火箭聚能破冰器原理样机威力试验

试验主要考核火箭聚能破冰器架设、操作的实用性及飞行稳定性、飞行距离、弹着点及破冰体前级聚能穿孔装置对冰层的穿透性与通孔最小直径、随进主装药进入冰层的顺畅性及延时装置延时时间设计的合理性，测试全装药破碎冰层的直径，其设置如图 7.33 所示。

6 发均能顺利发射并落在预定地域，在冰层上开出来了 5～8m 的破碎区域，如图 7.34 所示。

图 7.33 发射状态的火箭聚能　　　　　图 7.34 火箭聚能破冰器原理
破冰器原理样机　　　　　　　　　样机破冰结果（延时 90ms）

7.4 样机摸底试验

试验主要的目的是检验聚能随进破冰器和火箭聚能破冰器两种破冰器前级聚能穿孔装置的破冰穿孔威力；检验聚能随进破冰器样机前级聚能穿孔装置、后级随进装置、推进装置、延时装置、保险机构、支架及连接筒的性能指标和破冰效果；检验火箭聚能破冰器破冰体（含前级聚能穿孔装药）、发射装置、飞行稳定机构、延时装置等性能指标和破冰效果。

7.4.1 前级聚能穿孔装置穿孔威力试验

将破冰器前级聚能穿孔装置按 90mm 的炸高垂直设置在密实冰层上，进行静态引爆，考核其穿孔威力，如图 7.35 和图 7.36 所示。

7.35 前级聚能穿孔装置穿孔试验（一）　　　图 7.36 前级聚能穿孔装置穿孔试验（二）

聚能穿孔装置设爆炸后在冰层中均穿出一个通孔，孔洞基本呈圆形漏斗状，贯穿整个冰层。测量冰层厚度为 650～750mm，水深 2.2m。如图 7.36 所示。试验结果见表 7.2。

表 7.2　　　　　　　　　　前级聚能穿孔装置穿孔威力试验结果　　　　　　　　单位：mm

炸高	冰厚	冰 孔 尺 寸			备 注
		开口尺寸	漏斗深	中部尺寸（直径）	
90	650～750	900×700	410	450	长轴×短轴
		1000×800	450	480	长轴×短轴
		950×950	430	380	长轴×短轴
		900×900	420	430	长轴×短轴
		1100×1000	480	500	长轴×短轴

7.4.2　聚能随进破冰器样机威力试验

将聚能随进破冰器样机的三条支腿打开，垂直架设在冰面上，如图 7.37 所示，考核

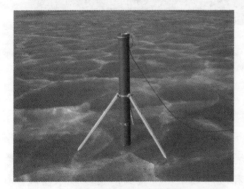

其在冰面上架设、操作的可行性与实用性，以及后级随进主装药在推进装置作用下进入冰层的顺畅性及延时起爆装置延时时间设计的合理性，测试样机破碎冰层的直径并判断其是否满足战术技术要求。聚能随进破冰器样机的延时起爆装置延时时间 250ms。

2 发聚能随进破冰器样机爆炸后破碎冰层直径分别为 10.5m（水深 2.2m）和 9.7m（水深 1.8m），测量冰层厚度约为 700mm，其破冰场景和破冰效果如图 7.38 和图 7.39 所示。

图 7.37　聚能随进破冰器样机威力试验

图 7.38　聚能随进破冰器样机威力试验

图 7.39　聚能随进破冰器样机静爆试验

7.4.3　火箭聚能破冰器样机威力试验

试验主要考核火箭聚能破冰器架设、操作的实用性及飞行稳定性、飞行距离、弹着点

及破冰体中前级聚能穿孔装置对冰层的穿透性与通孔最小直径、随进主装药进入冰层的顺畅性及延时装置延时时间设计的合理性，测试样机破碎冰层的直径并判读其是否满足战术技术要求。

火箭聚能破冰器样机共 11 发，其中二级为惰性随进体的样机 3 发，全装药样机 8 发。全装药样机中药延时为 150ms 的 3 发、250ms 的 3 发、350ms 的 2 发，全装药样机结构如图 7.40 和图 7.41 所示。

图 7.40 火箭聚能破冰器样机置示意图

后级随进体为惰性体的 3 发样机发射后，均落到预定区域，并可靠爆炸，在 700mm 厚度的冰层中炸出了口径为 700mm、通孔直径为 500~640mm 的孔洞，后级随进惰性体完全进入了水下。穿孔结果如图 7.42 和表 7.3 所示。

图 7.41 火箭聚能破冰器全装药样机

图 7.42 火箭聚能破冰器前级聚能装置穿孔结果

表 7.3　　　　火箭聚能破冰器样机前级聚能穿孔装置穿孔与随进试验结果

炮 次	冰 厚/mm	水 深/m	冰层开口直径/mm	冰层通孔直径/mm
1	700	1.8	700	640
2	700	1.8	700	500
3	700	1.8	700	500

8 发火箭聚能破冰器全装药样机中均顺利发射并落在距离的预定地域，进入冰层在水下预定深度爆炸，在 700mm 厚的冰层中爆炸形成了破碎层，如图 7.43 所示。

7.4.4 聚能随进破冰器样机直列布设破冰试验

将聚能随进破冰器按照相互间 10m 的间距布设一列，同时进行点火，检验其直列破冰效果，破冰范围进行测量，如图 7.44 所示。

图 7.43　火箭聚能破冰器全装
药样机破冰结果

图 7.44　聚能随进破冰器样机
直列布设破冰威力试验

　　3 发聚能随进破冰器均可靠爆炸，前级可靠爆炸，形成了长度为 34.8m、宽度为 13.3m 的破碎冰层带。其试验场景和试验效果如图 7.45 和图 7.46 所示。

图 7.45　聚能随进破冰器全装
药样机直列布设破冰场景

图 7.46　聚能随进破冰器全装
药样机直列布设破冰试验结果

7.5　聚能随进破冰器、火箭聚能破冰器的现场演示试验

　　破冰试验小组随同领导与专家进行了试验场地考查，对聚能随进破冰器、火箭聚能破冰器材的效果进行了试验。成型器材实验之前，为成型器材设计打基础，工程兵总参三所进行了前期内、外场试验。破冰试验小组及相关研究人员再次到达内蒙古包头市蹚口河段勘察冰面情况，对两种破冰器材进行了试验验证。

　　当天河面有风，中午温度在 0℃ 左右，冰厚在 30～40cm 的范围内，冰面上覆盖一层薄雪，而且在河岸附近有电厂，河道附近有包西黄河铁路桥，爆破试验需要在保护沿岸人们生命财产安全的前提下实施，因此经仔细勘察评估后，在保证所有设施都在安全距离范围内，划定冰凌爆破的大致位置。截取冰面概况图如图 7.47 所示。

图 7.47 实验现场冰面概况图

7.5.1 试验目的

（1）为破冰器材原理、破冰器材的研制与应用提供试验依据。

（2）初步验证聚能随进破冰器和火箭聚能破冰器的设计参数和破冰效果。

7.5.2 试验器材

该项目针对河道及近海地区冰情和冰盖、冰塞、冰坝及流凌等特点，结合我国北部地区防凌减灾的实际需求，在对冰盖、冰塞、冰坝、流凌等性能特征进行分析的基础上，本次试验所选用的爆破器材有聚能随进破冰器和火箭聚能破冰器。

7.5.3 破冰器材演示试验

冰凌爆破试验开始实施，试验共进行 11 组 24 发破冰器材试验，为了更好地观察效果，本次试验设计分为单发聚能随进破冰器爆破、单发火箭聚能破冰器爆破、组合聚能随进破冰器爆破和组合火箭聚能破冰器爆破几种，这样不但可以看到单次爆破效果，而且可以纵向比较组合阵列的爆破效果。爆破流程设计表见表 7.4。

表 7.4 爆 破 流 程 设 计 表

	聚能随进破冰器聚能爆破	火箭聚能破冰器爆破
单发量	3 发	3 发
连发量	3 个 3 连发	3 个 3 连发

在岸边选择一块平整开阔的场地，并选定发射区域和射向，快速展开、架设发射架、调整发射角度和水平方位。打开包装箱，取出火箭聚能破冰器样机，去掉发射筒顶盖，打开第一道保险，装填在发射架上。敷设 200 m 点火干线，将火箭聚能破冰器起爆线头插入起爆干线上，抽出第二道短路保险拉环，操作人员快速撤离到预定的安全位置，等待起爆命令。接到点火命令，点火发射。单发火箭聚能破冰器设置如图 7.48 所示。

单发火箭聚能破冰器共进行了 3 组试验，每组 1 发，发射架的发射仰角分别为 55°、60°、65°。3 发火箭聚能破冰器均落于预定区域，并可靠爆炸，其弹着点距离发射点分别

样机

图 7.48 单发火箭聚能破冰器设置图

为 505m、438m 和 366m，在冰层中的破碎直径分别为 8.2m、8.2m 和 8.0m，破冰场景和破冰效果如图 7.49 和图 7.50 所示。

图 7.49 单发火箭聚能破冰器破冰场景

（1）多发火箭聚能破冰器样机齐射破冰威力演示试验。

将 3 台发射架在岸边预定位置一字排开，同一仰角、同一水平方位，瞄准同一区域的冰面，发射架相互间的水平间距为 8 m。取出 3 发火箭聚能破冰器样机，分别装填在 3 台发射架上，点火起爆。试验共进行 3 组，每组发射仰角分别为 55°、60°、65°，其设置如图 7.51 所示。

图 7.50 单发火箭聚能破冰器破冰效果

图 7.51 多发火箭聚能破冰器齐射设置图

发射仰角为 55° 时，其实际射程为 490m、490m 和 483m，在冰层中的破碎直径分别为 8.6m、8.9m 和 7.9m。破冰场景和破冰效果如图 7.52 和图 7.53 所示。

图 7.52 发射仰角 55° 时火箭聚能破冰器破冰场景

图 7.53 发射仰角 55° 时火箭聚能破冰器破冰结果

发射仰角为 60°时，其实际射程为 438m、438m 和 430m，冰层破碎直径分别为 9.6m×9.2m、7.8×7.7m 和 7.7m×7.7m。破冰场景和破冰效果如图 7.54 和图 7.55 所示。

图 7.54　发射仰角 60°时火箭聚能破冰器破冰场景　图 7.55　发射仰角 60°时火箭聚能破冰器破冰效果

发射仰角为 65°时，在冰层中的破碎直径分别为 7.7m、7.5m 和 8.9m。破冰场景和破冰效果如图 7.56 和 7.57 所示。

图 7.56　发射仰角 65°时火箭聚能破冰器破冰场景　图 7.57　发射仰角 65°火箭聚能破冰器破冰效果

（2）聚能随进破冰器威力演示试验。

将单发聚能随进破冰器样机按照战技要求和安全操作规定直立设置在冰面上，快速敷设 200 m 距离的起爆干线，将聚能随进破冰器的起爆线头插入起爆干线上，抽出第一道短路保险拉环，再抽出破冰器上的第二道拉杆保险，快速撤离至预定的安全距离进行点火。待完全爆炸后，对破冰直径和效果进行测量和参观。

图 7.58　单发聚能随进破冰器设置图

单发试验共 3 组，每组 1 发；多发试验共 2 组，每组 2 发，其设置如图 7.58 所示。

单发聚能随进破冰器其破冰直径分别为 9.0m，9.7m。破冰场景和破冰效果如图 7.59～图 7.62 所示。

图 7.59　单发聚能随进破冰器破冰场景　　图 7.60　单发聚能随进破冰器破冰效果

图 7.61 聚能随进破冰器连发爆破实况

图 7.62 工作人员测量实况

7.5.4 试验结果分析

聚能随进破冰器和火箭聚能破冰器除了在设计上的原理不同以外，二者对于所装炮弹的设计也不同，聚能随进破冰器装药量控制在 4.8kg 左右，火箭聚能破冰器装药量控制在 3.7kg 左右，试验后现场测量其试验效果，具体测量结果见表 7.5。

表 7.5   聚能随进破冰器和火箭聚能破冰器爆破直径对比表   单位：m

	聚能随进破冰器聚能爆破直径	火箭聚能破冰器爆破直径
1组	8.7×9.0	7.2×8.2
2组	7.2×7.6	7.7×8.2
3组	9.7×9.8	7.9×8.0
平均	8.5×8.8	7.7×8.1

由表 7.5 数据可知，聚能随进破冰器的爆破直径平均在 8.7m 左右，火箭聚能破冰器的爆破直径在 7.9m 左右，很明显聚能随进破冰器的爆破效果更好，探究其原因，应该是聚能随进破冰器的爆破设计能更好地释放出二级炸药的能量，因此在灾害条件允许的情况下，建议选择聚能随进破冰器。

依据试验测得的数据建立分析图表（表 7.6、表 7.7、图 7.63）可知，在冰厚 30～40cm 的前提下，炮弹的最大高度并非与爆破直径呈完全正比，在达到某个临界爆破高度之前，爆炸直径与炮弹高度呈正比，在达到某个高度之后二者之间呈现一定的反比关系，而炮弹的高度是由火箭聚能破冰器的架设角度来决定的。因此，在灾害发生时，为了达到最优的爆破效果，要调节好火箭聚能破冰器的架设角度，使炮弹飞行最大高度控制在 430～450m 之间。

表 7.6   火箭聚能破冰器单发炮弹飞行高度与爆破直径关系表   单位：m

	火箭聚能破冰器单发直径	炮弹最高高度
1组	7.2×8.2	505
2组	7.7×8.2	438
3组	7.3×8.0	366

表 7.7	火箭聚能破冰器连发炮弹飞行高度与爆破平均直径关系表		单位：m
	火箭聚能破冰器 3 连发直径	平均直径	炮弹最高高度
1组	7.9×8.6	8.0×8.2	490
	8.9×8.0		
	7.5×7.9		
2组	9.6×9.2	8.4×8.2	438
	7.8×7.7		
	7.7×7.7		
3组	7.3×7.7	7.9×7.7	384
	7.5×7.5		
	8.9×8.5		

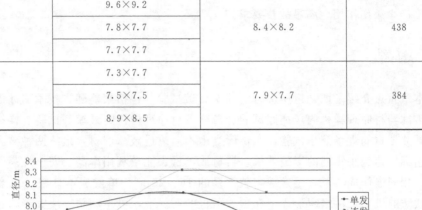

图 7.63　火箭聚能破冰器爆破炮弹飞行高度与爆破直径的关系

　　聚能随进破冰器和火箭聚能破冰器爆破后的炸坑与原来的河冰之间均有非常明显的圆形边界，聚能随进破冰器爆破后的冰体碎块相对更小，这是依据了冲击波系从水下鼓开冰盖的爆破原理，更为科学合理。炸后的冰体均呈现块状，其破坏特征均表现出脆性。

7.5.5　试验结论

　　（1）用聚能装药在冰层上开设孔径在 250 mm 以上的冰洞，完全可以保证后级主装药从该冰洞顺利穿过，侵入水下一定距离爆炸。

　　（2）聚能装药炸高对开孔影响不大，因此对聚能随进破冰器引信的点火时间及其点火时间差都要求不高，有利于引信的设计和加工。

　　（3）主装药在 5～8kg 的 TNT 集团装药在水下一定深度爆炸可炸出直径不小于 7 m 的破碎冰洞。多个按 7 m 间距呈阵列布置的 TNT 集团装药可一次性开设一定宽度和长度的破碎带。

　　（4）采用聚能装药穿孔装置作为聚能随进破冰器前级穿孔装药，后级随进装药在推进剂的作用下，进入冰层下适时起爆，可达到最佳破冰效果，同等装药量情况下，冰层水下爆破效果是冰面爆破效果的近 20 倍。

　　（5）两种破冰器的前级聚能穿孔装置装药结构和穿孔威力满足战术技术要求，均能够在冰层中开出不小于 400 mm 直径的通孔，为两种破冰器的后级随进主装药创造顺利进入的条件。

（6）聚能随进破冰器和火箭聚能破冰器两种破冰器的破冰威力分别满足了其破冰直径不小于 8.0 m 和 7.0 m 的战术技术指标要求。

（7）火箭聚能破冰器的发射架设计新颖、结构合理、重量轻、发射稳定、俯仰角与水平角可调。火箭聚能破冰器破冰体飞行稳定，弹着点偏差小。

（8）两种破冰器壳体及支架材料在爆炸后，其飞散距离小于 50 m，对 50 m 以外的人员等不产生杀伤作用，满足战技要求。

7.6 小结

本章重点介绍了课题组所进行的几次爆破试验，包括聚能随进技术河冰爆破可行性试验、破冰器材原理样机内场摸底试验、破冰器材原理样机野外摸底试验、样机摸底试验和两种破冰器材的现场演示试验，在试验当中不断改进破冰器材，最终两种破冰器材各项性能均达标，达到了预期的爆破效果。器材成本低、能量利用率高、安全性高、易操作、便携带。相同爆炸成本下，是常规爆破效果的 16～20 倍。单发成本低廉。可实现民防，或军民联防的机动灵活组织形式。在预测预报的前提下，可主动防御凌灾于萌芽状态。

第8章 聚能随进破冰技术凌灾防御工作规程

遵循上级制定的防凌减灾新原则、新思路，在管理机构统一指挥并采取多项措施综合防御的总框架下，统一部署、协同作战，贯彻"变被动防御为主动减灾，变传统防技术御为现代技术防御"的新思路，实行"快、准、狠"的技战术形式，一旦出现冰塞、冰坝，立即采取应急处理措施，利用"机动便携、安全高效、操作简易"的先进技术器材实施爆破，实现"快、准、大、省；高效、机动、简便"的技术目标，形成一套科学、完备的破冰排凌规程和爆破方案，达到防御凌灾的目的。

8.1 组织指挥

（1）在原有国家、流域机构、地方及有关部门的领导下，统一指挥，统一协调。做到自上而下，令行禁止，自下而上，下情上达。

（2）人员、物资，快速机动，时间第一，保障到位。

（3）专家智慧，科学统筹、各项措施，合理安排。

8.2 前线主要参战人员

除指挥人员外，可以是以军、警为主，也可以是军、警、民联合，或单纯民防组织。

8.3 聚能随进破冰器材生产、运输、保管及培训

8.3.1 器材生产

聚能随进破冰器材有关技术指标要求较高。虽然整体器材技术加工难度一般，但主管部门应委托部队生产单位或有相应资质的生产厂家进行生产加工，保证器材达到技术要求。

8.3.2 器材运输、保管

本产品属民用控制性爆破器材，具有较大的爆破杀伤性及破坏性，应按照国家有关规定运输与保管，保证产品运送及存放安全。

8.3.3 器材操作培训

为了确保破冰排凌工作的高效、安全、科学、规范，对器材使用人员及有关指挥人员，应事先在每年的11—12月举行为期一周的"破冰器材使用培训"，培训内容主要包括

安全知识、操作规程、指挥指令体系及纪律要求。

8.4　两种破冰器材使用说明及操作规程

8.4.1　静态聚能随进破冰器
8.4.1.1　主要用途

（1）当上游已解冻，下游未解冻，为避免冰塞、冰坝的形成，应疏通排凌通道，加大加快河道运移能力，在下游可以人工放置器材的冰盖上爆破。

（2）在封冻的江、河、海、水库封冻的冰盖上爆破，解除冰胀压力，减小对堤防、工作平台、桥墩、提灌站、闸门等挡水、引水、过水建筑物的破坏。

（3）在封冻的江、河、海、水库冰盖上实施爆破，达到扑鱼与通航等。

（4）其他用途，开挖冻土、一般土状况下的深坑、沟渠等。

8.4.1.2　主要性能特点

（1）聚能随进后深处爆破，装药量小、能量利用率高，对环境损伤破坏小。

（2）外壳为非金属复合材料，杀伤破坏性小。

（3）可单兵操作，轻便、易携、易操作，实施爆破快。

（4）双保险设计，安全性高。

（5）器材材料及部件造价低廉，爆破成本低。

8.4.1.3　投送方式

人员可在冰面行走时人工搬移。不能行走时，通常用气垫船或其他可用运输工具运移操作人员及器材到指定位置。

8.4.1.4　操作规程

（1）打开支架，拧开锁紧螺钉，将支架张开至极限位置，调节支腿长度，保证聚能随进破冰器平稳地竖直放置在冰面上，再拧紧锁紧螺钉。

（2）抽出保险销，解除第一道保险。

（3）将推进装置的点火插头插到遥控起爆器的点火线路上，人员随即撤离至安全距离，进行遥控起爆。

8.4.1.5　爆破原理

按下起爆器，推进装置点火具点火，点燃推进剂。推进装置达到一定推力时，剪断破冰爆炸装置的固定销，使其加速向冰面运动。当随进破冰爆炸装置运动至一定位置时，撞击聚能穿孔装置引信的撞击销，聚能穿孔装置引信解除第二道保险，并引爆聚能穿孔装置，对冰层进行穿孔，同时引爆传爆体，延时起爆体开始工作。随进破冰爆炸装置在推进装置推力的继续作用下沿冰层孔道，克服冰水的阻力，可设计运动至冰层以下某处，此时延时起爆体达到延期时间，引爆随进破冰爆炸装置，使主装药在水下爆炸，达到消除冰层内部应力或疏通过流河道的目的。

8.1.4.6　阵列布置示范

不同装药量，单发爆破及阵列布置爆破效果都不一样。阵列布置时，行、列间距及阵型的优化布局，可通过计算或实验结论来指导。具体方案视情况而定，此处略。

如图 6.2 所示，用一组阵列式布置的破冰器的主装药同时爆炸，单列即可爆破出一条宽度 7～9m 左右的破裂带，多列矩阵布置可开辟出大范围的破裂区域。具体布置方案可以根据不同的装药，经过实验测算爆破效果，随后优化布阵方案；也可根据计算机模拟，形成不同装药对应布阵方案的数据库，应用时一查便可。

布置聚能随进破冰器的单列组合如图 8.1 所示。

图 8.1　聚能随进破冰器的单列组合

8.4.2　动态（火箭）聚能随进破冰器

8.4.2.1　主要用途

（1）实施预爆破、快速抢险爆破。在预测、预警的基础上，对有迹象形成冰塞、冰坝，或一旦形成冰塞、冰坝的地方，迅速采用火箭聚能破冰器，快速、机动灵活、高效地爆破，以快速、准确、大爆炸量的战术方式，摧毁凌灾于萌芽状态。

（2）在江、河下游未解冻、上游正解冻的河面上，对漂移的大块冰块远距离爆破，解除大块冰块，防止形成冰塞、冰坝的隐患。

（3）在正解冻的河面上，对漂移的大块冰块远距离爆破，解除大块冰块，减小对堤防、工作平台、桥墩、提灌站、闸门等挡水、引水、过水建筑物的动力冲撞破坏。

（4）在不宜人员接近的、仍封冻的江、河、海、水库冰盖上远距离爆破，达到排凌、捕鱼与通航等目的。

（5）其他不易现场布爆的、适宜聚能随进的远距离爆破，比如对河道内影响过流的土岭局部爆破、地震形成的堰塞坝局部爆破。

8.4.2.2　主要性能特点

（1）动态聚能随进破冰器适宜在人员不易达到的区域爆破，射程在 500m 内均可。

（2）装药量小、能量利用率高，对环境损伤破坏小。

（3）外壳为非金属复合材料，杀伤破坏性小。

（4）可单兵操作，轻便、易携、易操作，实施爆破快。

（5）双保险设计，安全性高。

（6）器材材料及部件，造价低廉，爆破成本低。

8.4.2.3　投送方式

在岸边发射，或用气垫船运移器材及人员到指定位置。

8.4.2.4　操作规程

（1）打开包装箱，架设发射架，将发射筒尾部与座钣联接，锁紧身管管箍。

（2）摇动高低机手柄，将发射架射角调整至设定值，将控制箱的引出线插入发射筒尾部插座中。

（3）操作人员通过控制箱设置点火时序并按时序点火发射。

8.4.2.5　爆破原理

按下起爆器，推进装置点火具点火，点燃推进剂。在发射惯性力作用下引信解除第一道保险，破冰体离开发射管口后，尾翼在弹簧力的作用下展开到位并锁定。在空气阻力的作用下引信解除第二道保险，当破冰体头部以较大的落角撞击冰层时，开关帽闭合，引信作用，引爆前级聚能穿孔装置，在冰层中穿出直径不小于 350mm 的透孔。聚能穿孔装置的爆轰波同时引爆传爆体，延期体开始延时，后级随进破冰爆炸装置继续向下沿孔洞进入冰层，延时结束随进破冰爆炸装置到达冰层下预定位置爆炸。达到炸除冰塞、冰坝，疏通过流河道的目的。

8.4.2.6　发射示范

冰凌灾害防御过程中，近目标可以在岸边爆破。远距离目标可以借助于气垫船或其他可用运输工具，气垫船上铺设钢板，形成放射底座。在安全范围内靠近目标，然后采用火箭聚能随进破冰器进行单发或阵列爆破。可实现"快、准、大、省、高效、机动、简便"的技术目标。火箭聚能破冰器多发齐射示意图如图 8.2 所示。

图 8.2　火箭聚能破冰器多发齐射示意图

8.5　黄河防凌专用运移设备的研发

黄河防凌的运移设备是指在河宽水位多变、心滩密布、冰水混合漂浮或冰封状态的河面上，如何将爆破器材及人员运移到要达到的位置，并在运移设备上或下到冰封的冰面上进行观察、观测爆破或险情处理等。

在过去的防凌处理上，早期大多用小船或辅助缆索到河面上进行破冰作业、凿冰、填充炸药等，后期采用气垫船运移，以适应浮冰漂的河面流动或静止的冰面、裸露的心滩、起伏不平的滩涂地等。但在常规军用设备爆炸破冰的技术环境下，常规应用的小型气垫船仅适应于人员运移，险情观测，局部较低险情的处理。但在大量冰块漂移的河面还是很危险的，尤其是基于聚能随进技术爆炸破冰情况。较小体量的气垫船满足不了抵近破冰的需要。因为对于体量较小的气垫船，漂泊流动的浮冰块或冰坝破除后速泻的浮冰水流很容易将船颠翻或卷裹倾覆。因此，为了安全有效地便于爆破操作，研究新型的运移设备至关重要，是聚能随进爆破方面中很重要的一环。

关于船型的选择，各方面专家提出了不同的方案，例如有专家提出可使用海洋破冰船破冰。海洋破冰船在海洋中的破冰较为成熟，我国北方沿海地区在近海岸区域内，如渤海湾等地用大型破冰船有效地解决了交通及海洋作业问题，但这种船在黄河中无法适用，一是船吨位重，吃水深度大。二是有地方河道狭窄以及过水建筑物，如桥梁等影响，无法直接引用。还有的专家考虑到河道条件提出可使用爬行式船体在浮冰水内或冰面蛙式爬行。但这种结构在淤深不同、深浅不一的冰河内爬行非常艰难，尤其是在浮冰密布的河道内爬行作业，很容易在大块冰体的撞击下损伤，或者由于水深较深无法正常行走。还有的提出可使用宽浅式的船，宽浅式船体在一定程度上满足水浅的状况，但在冰块拥挤的冰水混合流中，行进难度非常大，尤其是在冰塞冰坝形成，需要抵近破除时，如何在船动力情况下"破冰"前进，也是难以逾越的问题。

在总结前人研究成果的基础上，考虑河道有地方狭窄、心滩分布较多、过冰建筑物的存在以及水位深浅不一、冰与水混合、浮冰突兀、流速不定等问题，选择可以浮在起伏不平的陆地以及冰水混合、冰块突兀的河面上，快速行进的气垫船，可以解决常规运移设备诸多难题。

气垫船这种运移设备，在路况复杂（冰水混合河面及心滩分布的、河道狭窄、水位深浅不一）的优势毫无疑问，由于特殊的构造，即便气垫船由于冰凌角尖锐划破储气层的软囊，气垫船仍能前进。若适当改造，比如增大气垫船的体量，尤其是触水面的船体水平向长宽尺寸，防止冰水进船；设计合适的垂直向高度，使得船具有较好的动力速度及防倾覆高度；辅以储存器材及可以发射聚能破冰器材的硬质平台，将可以有效贯彻聚能破冰专用器材的破冰排凌方案，形成黄河凌汛防御上专用的运移设备，并形成自主知识产权。

气垫船式防凌专用运移设备的客观尺寸设计，长约 30m，宽约 20m 即可，采用常规动力及制气设备，船体借助常规型式，在其设专门设置器材存储箱及嵌入式发射平台，可在前后左右发射，能够有效地贯彻"机动灵活，快准狠"的凌灾防治新理念。与黄河防凌新的专用破冰技术及运行机制配合，形成机制灵活、安全有效的防凌新方案。

8.6 小结

本章从组织领导、参战人员、破冰器材的生产、运输、保管、培训及两种破冰器材的爆破原理、操作规程布阵方案，以期实现"快、准、大、省；高效、机动、简便"的技术目标。

参 考 文 献

［1］ 华北水利水电学院，总参工程兵科研三所．黄河冰凌灾害防治新技术研究，2010．

［2］ 华北水利水电学院，总参工程兵科研三所．防凌减灾爆破试验分析报告，2010．

［3］ 刘东常，孟闻远，张多新，等．爆炸冲击波作用下冰盖结构的动力响应分析［J］．华北水利水电学院学报，2010．

［4］ 张多新，孙杰，马文亮，等．浮冰动力特性研究［J］．水利学报．

［5］ 叶序双．爆炸作用理论基础．南京：解放军理工大学工程兵工程学院，2001．

［6］ GUPTA V，JÖRGEN S. BERGSTRÖM. A progressive damage model for failure by shear faulting in polycrystalline ice under biaxial compression［J］. International Journal of Plasticity, 2002：507 – 530.

［7］ TIMCO G W，WEEKS W F. A review of the engineering properties of sea ice［J］. Cold Regions Science and Technology, 2010：107 – 129.

［8］ ZHAN C，SINHA N K，EVGIN E. A three dimensional anisortopic constitutive model for ductile beha viour of columnar grained sea ice［J］. Acta mater, 1996, 44 (5)：1839 – 1847.

［9］ HICKS F. An overview of river ice problems：CRIPE07 guest editorial［J］. Cold Regions Science and Technology, 2009：175 – 185.

［10］ SHE Y T et al. Athabasca River ice jam formation and release events in 2006 and 2007［J］. Cold Regions Science and Technology, 2009：249 – 261.

［11］ ERLAND M. Schulson. Brittle failure of ice［J］. Engineering Fracture Mechanics, 2001：1839 –1887.

［12］ SHE Y T et al. Constitutive model for internal resistance of moving ice accumulations and Eulerian implementation for river ice jam formation［J］. Cold Regions Science and Technology, 2009：286 – 294.

［13］ WANG G, et al. Drucker-prager yield criteria in viscoelastic-plastic constitutive model for the study of sea ice dynamics［J］. Journal of Hydrodynamics, 2006, 18 (6)：714 – 722.

［14］ RăDOANE M，CIAGLIC V，RăDOANE N. Hydropower impact on the ice jam formation on the upper Bistrita River, Romania［J］. Cold Regions Science and Technology, 2010：193 – 204.

［15］ MORLAND L W，STAROSZCZYK R. Ice viscosity enhancement in simple shear and uni－axial compression due to crystal rotation［J］. International Journal of Engineering Science, 2009：1297 – 1304.

［16］ BELATOS S. Progress in the study and management of river ice jams［J］. Cold Regions Science and Technology, 2008：2 – 19.

［17］ JOHN P，DEMPSEY. Research trends in ice mechanics［J］. International Journal of Solids and Structures, 2000：131 – 153.

［18］ WEISS J，SCHULSON E，Stern H. Sea ice rheology from in－situ, satellite and laboratory observations：Fracture and friction［J］. Earth and Planetary Science Letters, 2007：1 – 8.

［19］ SHEN H T，SU J S，LIU L W. SPH Simulation of River Ice Dynamics［J］. Journal of Computational Physics, 2000：752 – 770.

［20］ LA Y M. et al. Strength distributions of warm frozen clay and its stochastic damage constitutive model［J］. Cold Regions Science and Technology, 2008：200 – 215.

［21］ GOL'DSHTEIN R V, MARCHENKO A V. THE CHOICE OF CONSTITUTIVE RELATIONS FOR AN ICE COVER ［J］. J. Appl. Maths Mechs，1999，63（1）：73-78.

［22］ LIETAER O, FICHEFET T，LEGAT V. The effects of resolving the Canadian Arctic Archipelago in a finite element sea ice model ［J］. Ocean Modelling，2008：140-152.

［23］ HUNKE E C. Viscous - Plastic Sea Ice Dynamics with the EVP Model：Linearization Issues ［J］. Journal of Computational Physics，2001：18-38.

［24］ COLE D M. The microstructure of ice and its influence on mechanical properties ［J］. Engineering Fracture Mechanics，2001：1797-1822.

［25］ 孟闻远，卓家寿，籍东. 无单元技术在压力管道屈曲失稳分析中的应用 ［J］. 水利学报，2006，36（7）：880-885.

［26］ 孟闻远，卓家寿. 无单元法位移模式及断裂问题分析 ［J］. 岩土工程学报，2005，27（7）：828-831.

［27］ 张多新，王清云，白新理. 流固耦合系统位移-压力有限元格式在渡槽动力分析中的应用 ［J］. 土木工程学报，2010（1）.

［28］ 张多新，王清云，刘东常. 基于 FSI 系统的 (u_i, p) 格式大型渡槽动力分析 ［J］. 长江科学院院报，2009（2）.

［29］ 张多新，李玉河，宋万增. 大型矩形水工渡槽动力分析 ［J］. 灌溉排水学报，2009（2）.

［30］ 孟闻远，万虹，梅占馨. 有初始几何缺陷的旋转壳非线性数值分析 ［J］. 西安建筑科技大学学报，1996，28（4）：355-359.

［31］ 孟闻远，李秀芹. 大挠度缺陷旋转壳数值分析 ［J］. 应用基础与工程科学学报，1995，3（3）：273-282.

［32］ ［美］R·克拉夫，J·彭津. 结构动力学 ［M］. 2 版（修订版）. 王光远，等，译校. 北京：高等教育出版社，2006.

［33］ 吴持恭. 水利学（上、下册）［M］. 3 版. 北京：高等教育出版社，2003.

［34］ 王勖成，邵敏. 有限单元法基本原理和数值方法 ［M］. 2 版. 北京：清华大学出版社，1996.

［35］ Ted B，Wing K L，Brian M. 连续体和结构的非线性有限元 ［M］. 庄茁，译. 北京：清华大学出版社，2002.